GENRE PIMELIA

(FABRICIUS)

Le Docteur H. SÉNAC

MEMBRE DE LA SOCIÉTÉ ENTOMOLOGIQUE DE FRANCE

DEUXIÈME ET DERNIÈRE PARTIE

ESPÈCES POSTÉRIEURES ET INTERMÉDIAIRES NON CORNÉES

PARIS

LIBRAIRIE MÉDICALE ET SCIENTIFIQUE ANCIENNE ET MODERNE

J. B. BAILLIÈRE ET FILS

1887

ESSAI MONOGRAPHIQUE

SUR LE

GENRE PIMELIA

ESSAI MONOGRAPHIQUE

SUR LE

GENRE PIMELIA

(FABRICIUS)

PAR

Le Docteur H. SÉNAC

MEMBRE DE LA SOCIÉTÉ ENTOMOLOGIQUE DE FRANCE, etc., etc.

DEUXIÈME ET DERNIÈRE PARTIE

ESPÈCES A TARSES POSTÉRIEURS ET INTERMÉDIAIRES NON COMPRIMÉS

(2e Division de Solier)

Prix net : 7 fr.

(Les deux parties ensemble : **10 fr.**)

PARIS

NOUVELLE LIBRAIRIE MÉDICALE ET SCIENTIFIQUE, ANCIENNE ET MODERNE

DE JACQUES LECHEVALIER

23, Rue Racine (près l'Odéon et l'École de Médecine)

1887

Tous droits réservés

AVANT-PROPOS

Nous complétons aujourd'hui l'étude sur le genre *Pimelia*, dont la première partie a paru en 1884. Celle que nous donnons comprend les espèces à tarses postérieurs non comprimés (2ᵉ division de Solier).

Depuis 1884, nous avons fait paraître les diagnoses de trois espèces nouvelles, appartenant à la 1ʳᵉ division. On en trouvera ici les descriptions *in extenso*.

Après la partie descriptive de notre travail, nous avons textuellement reproduit les descriptions originales d'une quinzaine d'espèces qui figurent dans la liste des espèces du genre *Pimelia*, et qui nous sont restées inconnues. Il n'est pas toujours facile d'arriver à ces descriptions, et nous avons cru utile de les réunir. Beaucoup d'entre elles sont, d'ailleurs, absolument insuffisantes, et s'appliquent peut-être à des espèces appartenant à des genres différents. Nous donnerons, en terminant, le catalogue des espèces du genre *Pimelia*, avec la partie importante de leur synonymie et la mention de leur habitat.

Malgré ses nombreuses imperfections (et nul n'est, plus que nous, disposé à les reconnaître), nous espérons que notre Mémoire sur le genre *Pimelia* aura quelqu'utilité. Nous n'avons rien négligé pour le rendre aussi exact que possible, et si nous n'avons pas réussi à supprimer les difficultés nombreuses qu'on rencontre dans l'étude que nous avons entreprise, on ne nous accusera pas d'avoir ménagé notre peine, et de nous être trop hâté. En poésie « le temps ne fait rien à l'affaire », mais il n'en est pas de même en entomologie, et nous espérons avoir évité quelques erreurs en laissant notre travail sur le chantier, pendant plusieurs années.

La difficulté principale que nous ayons rencontrée est certainement la variabilité extrême de toutes les parties de l'insecte. Il en résulte un embarras assez grand pour trouver là limite exacte de l'individualité spécifique. Cette variabilité n'est pas spéciale au genre *Pimelia* : elle se retrouve, à un degré égal, dans d'autres groupes génériques de la famille des *Tenebrionides*, et ceux qui l'ont étudiée ne nous démentiront pas. Il suffit d'avoir sous les yeux un certain nombre d'individus d'une même espèce, de provenance différente, pour comprendre la difficulté que nous signalons. Une collection qui ne comprendrait qu'un ou deux individus, bien caractérisés, de chaque espèce, ne pourrait en donner une idée exacte. On s'expose, en travaillant sur des matériaux aussi restreints, à multiplier à l'infini le nombre des espèces. C'est ce qui est arrivé à Solier, par exemple, dont les descriptions ne portent que sur des individus en petit nombre, et souvent uniques. Sur les 85 espèces qu'il décrit, nous n'en avons conservé que 61. Et nous croyons que quelques-unes des espèces conservées devront être réunies plus tard.

On a déjà signalé ce fait que, dans le genre *Pimelia*, certaines espèces varient peu, et que d'autres, au contraire, semblent se modifier à l'infini. Cette observation est très juste : nous croyons, cependant, que le nombre des espèces à forme constante est plus rare qu'on ne le pense. Mais il en est où les modifications sont tellement grandes qu'elles deviennent invraisemblables. Que l'on mette, par exemple, un petit exemplaire, fortement tuberculeux, de la *Pimelia Boyeri*, venant de Bône, à côté d'un exemplaire tunisien, de grande taille et lisse, de la var. *rugifera* : personne n'aura l'idée que ce soient deux formes de la même espèce. Mais que l'on place entre ces deux termes extrêmes, tous les passages qui comblent la distance existant entre elles, il devient facile de reconnaître leur identité spécifique.

L'influence du milieu est beaucoup plus grande qu'on ne le suppose, généralement, sur les variations de l'espèce; il en résulte qu'il est très rare de trouver, dans les mêmes localités, des formes différentes, bien tranchées, de la même individualité spécifique. On peut se rendre compte de ce fait d'une façon bien simple. Il suffit de séparer, sans tenir compte des localités, les diverses variétés d'une espèce. Si l'on consulte ensuite les étiquettes de provenance, on est tout étonné de voir qu'on a réuni, précisément, tous les individus des mêmes régions.

Bien que cette assertion puisse paraître hasardée, nous n'attachons pas à la distinction à établir entre l'espèce et la variété l'importance qu'on lui accorde généralement. Sans doute, il serait infiniment préférable de pouvoir l'établir sur des caractères certains. Mais il importe peu, dans la pratique, de décider la question d'une façon précise : l'important nous paraît être de fixer définitivement l'identité de la forme à laquelle on impose une dénomination.

Un exemple rendra notre pensée plus claire. Dans la première partie de notre travail, nous avons décrit trois formes très dissemblables : *P. granulata, papulenta, Prophetei*, qui ne constituent peut-être qu'une seule espèce. Il n'y a aucun doute sur l'identité de chacune de ces formes; il en eût été de même si nous avions décrit ces insectes sous le nom de *P. Granulata*, var. *papulenta* et var. *Prophetei*. Dans le présent travail, la même circonstance se produit. Nous décrivons, comme espèces séparées, les *Pimelia rugosa* Ol., *Duponti* Sol., *mauritanica* Sol. et *Boyeri* Sol., qui ne sont probablement que des formes différentes d'une même espèce; mais tant qu'une certitude absolue ne sera pas acquise sur l'identité spécifique de ces formes, nous ne voyons nul inconvénient à en faire des espèces, au lieu de les considérer comme des variétés. Nous acceptons, au contraire, à titre de variété, la var. *rugifera* Sol., de la *P. Boyeri* : là, en effet, le doute n'est pas permis, bien que les différences qui séparent ces deux formes soient bien plus grandes, chez les individus extrêmes de l'une et de l'autre, qu'entre la *P. Boyeri*, par exemple, et la *P. mauritanica*. Si les formes intermédiaires nous avaient manqué, pour établir l'identité spécifique de ces deux formes, il n'y eût pas eu un très grand inconvénient à décrire une *Pimelia rugifera*. Espèce ou variété, tout le monde eut compris de quel insecte il s'agissait, si la description était assez bonne pour la faire reconnaître. C'est là, pour le dire en passant, un argument à opposer à ceux qui trouvent inutile de désigner les variétés, bien caractérisées, par un nom spécial.

Nous avons, dans l'introduction de notre première partie, exprimé toute notre reconnaissance pour les entomologistes qui ont bien voulu nous aider dans notre tâche. Aux noms déjà cités, nous pourrions en ajouter beaucoup d'autres. Les donner tous serait impossible, mais nous devons une mention spéciale à MM. Kraatz, Bolivar, Gestro, à l'étranger ; à MM. Abeille de Perrin, Lajoye, Lataste, Cayol, Bourgeois, Lucas et Hénon, parmi les entomologistes français.

TABLEAU DICHOTOMIQUE
des Espèces du G. PIMELIA F.

Premiers articles des quatre tarses postérieurs comprimés latéralement........ **I.** [1]

Premiers articles des quatre tarses postérieurs triangulaires non comprimés latéralement. .... **II.**

II. Ecusson invisible, lorsque le pronotum, en extension, est placé au contact de l'arrière-corps (s.-g. *Aphanaspis* Woll.) .... **B.**

Ecusson visible, lorsque le pronotum, en extension, est placé au contact de l'arrière-corps .... **1'**

1' Tête très grande, aussi large que le pronotum à son bord postérieur (s.-g. *Gedeon* Reiche.) .... **C.**

Tête de grandeur ordinaire .... **2'**

2' Côtes dorsales nulles ou presque nulles. Arrière-corps paraissant lisse. Faciès du G. *Blaps*. (s.-g. *Melanostola* Dj.)....... **A.**

Côtes dorsales plus ou moins marquées. Arrière-corps ne paraissant pas lisse, ou, lorsqu'il l'est, n'ayant pas le faciès du G. *Blaps*........................... **3'**

3' Epaules fortement avancées. Pronotum très court, beaucoup plus large en arrière qu'en avant. (s.-g. *Ecphoroma* Sol.).... **F.**

Epaules non avancées, ou, lorsqu'elles le sont, le pronotum n'est pas beaucoup plus large en arrière qu'en avant .... **4'**

4' Epaules fortement avancées. Rebord latéral du pronotum souvent interrompu au milieu (s.-g. *Amblyptera* Sol.) .... **E.** [2]

---

(1) Voir pour la division I. Essai monogr. sur le G. *Pimelia* (1ʳᵉ partie).

(2) Le s.-g. *Amblyptera* Sol. est assez mal caractérisé. Certaines espèces du s.-g. *Pimelia* (*sensu stricto*) ont les épaules avancées, mais aucune d'entre elles (excepté la *P. valida* Er., et cela rarement), n'ont le rebord latéral du pronotum interrompu au milieu, caractère qui est constant pour la *P. Fairmairei*, et qui se rencontre très fréquemment dans *P. fornicata* et *P. scabrosa*. Ces trois espèces forment le s.-g. *Amblyptera*.

Epaules non avancées, ou peu fortement avancées, rebord latéral du pronotum toujours entier, (s.-g. *Pimelia, sensu stricto.*)........................ **D.**

A. Granulation des côtés du pronotum n'atteignant pas le rebord latéral.......... 59. *simplex.*
Algérie, Tunisie.
Granulation des côtés du pronotum atteignant le rebord latéral .... 60. *bajula et v. Solieri.*
Orient.

B. Base du pronotum coupé droit, et non prolongé anguleusement en avant de la suture...................................... 61. *granulicollis.*
I. Canaries.
Base du pronotum légèrement bisinuée, et plus ou moins prolongée anguleusement, au devant de la suture .... 62. *auriculata.*
I. Canaries.

C. Antennes n'atteignant pas, en arrière, la base du pronotum .... *a*
Antennes dépassant, notablement, en arrière, la base du pronotum .... 63. *parallela.*
Orient.

a Granulations des élytres déprimées, triangulaires................................ 64. *hierichontica.*
Orient.
Granulations des élytres, saillantes, hémisphériques.............................. 65. *persica.*

D. Tête légèrement penchée en avant. Vue de profil, la courbe des élytres ne continue pas celle de la tête et du pronotum. Arrière-corps brusquement déclive en arrière .... **1.**
Tête fortement, presque verticalement, penchée en avant. Vue de profil, la courbe des élytres continue celle de la tête et du pronotum. Arrière-corps progressivement déclive en arrière.................... **2.**

1. Antennes à articles allongés, coniques, grêles à leur origine. Le 9e est plus long que large à l'extrémité ....
Antennes à articles cylindriques, ou légèrement cylindro-coniques, épais; le 9e est aussi large ou plus large, à l'extrémité, que long.............................. ●●

● Tiers moyen du pronotum en majeure partie granulé............................ *a'*
Tiers moyen du pronotum lisse, ou ponctué, ou ayant tout au plus quelques granulations disséminées en avant et en arrière.............................. *a*

a'	Première côte dorsale saillante, lisse, ou à crénelures allongées, superficielles	73. *grandis.* Egypte, Sénégal, etc.
	Première côte dorsale nulle, ou effacée, peu saillante, épineuse, granuleuse ou tuberculeuse	*b'*
b'	Côtes dorsales et latérale remplacées par des rangées d'épines grêles, dressées, écartées.	86. *Damasci.* Syrie : Damas.
	Côtes dorsales et latérale effacées, granuleuses ou tuberculeuses	*c'*
c'	Bord postérieur des premiers segments abdominaux bordé de granulations beaucoup plus grosses que sur le reste de leur superficie	71. *Hildebrandti et var.* *ceuchronota.* Zanzibar, Somalis.
	Bord postérieur des premiers segments abdominaux non bordé d'une série de granulations plus fortes.	*d'*
d'	Poils dressés sur les élytres	*e'*
	Pas de poils dressés sur les élytres	*g'*
e'	Arrière-corps en ovale, élargi postérieurement	87. *Barthelemyi.* Egypte.
	Arrière-corps en ovale, non élargi postérieurement	*f'*
f'	Granulation des élytes manifestement double.	90. *hirtella.* Egypte.
	Granulation des élytres simple, uniforme.	91. *Bottæ var. carinosa.* Arabie.
g'	Pronotum également, densément et finement granulé.	67. *prolongata.* Syrie.
	Pronotum irrégulièrement couvert de granulations écartées, surtout dans le tiers moyen	*h'*
h'	Sculpture des intervalles élytraux composée de granulations de deux grandeurs différentes, mêlées.	70. *Kraatzi.* Mésopotamie.
	Sculpture des intervalles simple ou ayant, seulement, quelques fins granules entre les granulations	*i'*
i'	Granulations des élytres fines, simples, écartées régulièrement.	91. *Bottæ.* Arabie.
	Granulations des élytres assez fortes, irrégulièrement placées, souvent bigéminées.	85. *Mittrei.* Orient.
a	Les deux côtes dorsales lisses, saillantes . .	*b*
	Les côtes dorsales ne sont pas toutes deux lisses et saillantes.	*d*

b   Intervalles des élytres couverts de granula-
      tions tuberculeuses assez fortes et rap-
      prochées ....   76. *ascendens.*
                                                      I. Canaries.
      Intervalles des élytres lisses ou presque
      lisses ....   *c*

c   Suture non distinctement rebordée. Pattes
      le plus souvent d'un brun rougeâtre clair.   79. *lævigata.*
                                                      I. Canaries.
      Suture rebordée, un peu saillante. Pattes
      d'un brun foncé, noirâtre.............   78. *costipennis.*
                                                      I. Canaries.

d   Pubescence couchée, épaisse sur les élytres,
      plus ou moins enlevée sur les parties
      saillantes.................................   *e*
      Pas de pubescence épaisse, couchée, sur
      les élytres................................   *g*

e   Côte marginale formée de denticules aigus,
      assez saillants.........................   88. *lutaria.*
                                                      I. Canaries.
      Côte marginale finement crénelée, ou pa-
      raissant, parfois, lisse.................   *f*

f   Angles antérieurs du pronotum, très sail-
      lants en avant, aigus..................   72. *senegalensis.*
                                                      Sénégal, Maroc, etc.
      Angles antérieurs du pronotum peu mar-
      qués, presque nuls....................   89. *canariensis.*
                                                      I. Canaries.

g   Côte marginale nulle, ou, au moins, per-
      tiellement peu distincte ....   103. *variolosa.* (1)
                                                      Espagne, Maroc.
      Côte marginale bien marquée dans toute
      son étendue ....   *h*

h   Côte marginale formée de dents longues,
      aiguës ....   *i*
      Côte marginale formée de denticules émous-
      sés, ou crénelée ....   *k*

i   Arrière-corps subglobuleux ....   114. *tunisea.* (2)
                                                      Tunisie.
      Arrière-corps en ovale allongé...........   *j*

j   Pronotum plus large en arrière qu'en avant.
      Intervalles des élytres presque lisses....   80. *sparsa.*
                                                      Canaries.
      Pronotum moins large en arrière qu'en
      avant. Intervalles des élytres assez den-
      sément granulés ....   82. *semi-opaca.*
                                                      Algérie.

k   Les crénelures formant la côte marginale,
      très serrées et peu marquées, lui donnent
      l'aspect d'une côte lisse...............   *l*
      Côte marginale formée de crénelures ou de

---

(1) Le 9e article des antennes étant parfois aussi large que long, cette espèce figurera de nouveau dans la division suivante. (⊛ ⊛)
(2) Même remarque que ci-dessus.

    denticules émoussés, n'ayant jamais l'as-
    pect d'une côte lisse .... *m*

l Surface des élytres couverte de petites
    granulations disséminées.............. 84. *canescens.*
                            Egypte.
    Surface des élytres couverte de gros tuber-
    cules aplatis, oblitérés, formant des
    bourrelets transversaux, effacés, simu-
    lant des ondulations .... 92. *Marseuli.*
                            Arabie.

m Forme allongée ; côtés de l'arrière-corps
    subparallèles .... *n*
    Forme de l'arrière-corps en ovale, suborbi-
    culaire................................. *p*

n Intervalles élytraux creusés, scaphidi-
    formes.............................. 75. *derasa.*
                            Egypte.

    Intervalles élytraux non creusés, plans.... *o*
o Première côte dorsale à peine distincte, ou
    nulle.................................. 66. *echidna.* [1]
                            Maroc.
    Première côte dorsale lisse, effacée, mais
    distincte ... . 74. *Latastei.*
                            Algérie, Maroc.

p Côte latérale placée sensiblement à dis-
    tance égale de la marginale et de la
    2e dorsale. Granulation des flancs double. 81. *orientalis.*
                            Orient.
    Côte latérale placée sensiblement plus près
    de la côte marginale que de la 2e dorsale.
    Granulation des flancs élytraux simple.. 77. *radula.*
                            Canaries.

●● Tibias postérieurs grêles, ou d'une largeur
    ordinaire, jamais fortement élargis sur
    la face dorsale....................... *a*
    Tibias postérieurs très larges sur leur face
    dorsale .... *a"*

a Les côtes dorsales, au moins, lisses ou pres-
    qu'entièrement lisses, fortes, saillantes. *a'*
    Côtes dorsales nulles, effacées, denticulées,
    crénelées ou granuleuses .... *b*

b Poils longs, dressés, sur les élytres....... 83. *comata.*
                            Egypte.
    Pas de poils longs, dressés, sur les élytres. *c*

c Elytres ondulées, comme chiffonnées, trans-
    versalement, dans une plus ou moins
    grande étendue....................... *d*
    Elytres non ondulées, et chiffonnées, trans-
    versalement (mais ayant, parfois, des

---

(1) Cette espèce, ayant une configuration variable des articles des antennes, figurera
de nouveau dans la division suivante. (●●)

bourrelets transversaux formés par la
réunion des tubercules des intervalles)..   *f*

d   Côte latérale placée au-dessus de la côte
marginale, presque dans le même plan
vertical .... 112. *Sardea et var.*
Italie.
Côte latérale ayant son siège habituel,
et non au-dessus, presque dans le même
plan vertical que la côte marginale.....   *e*

e   Côte latérale presque nulle, indiquée en
arrière seulement..................... 113. *undulato.*
Sardaigne.
Côte latérale entière ou presqu'entière.... 111. *Payraudi.*
Corse, Italie.

f   Côte marginale nulle, ou en grande partie
indistincte ....   *g*
Côte marginale entière, distincte........   *i*

g   Tibias antérieurs peu élargis, à dent terminale externe courte.................. 101. *maura.*
Esp. mér. Maroc.
Tibias antérieurs élargis, finement dentés,
spatuliformes à leur terminaison en
dehors..............................   *h*

h   Granulation élytrale forte, entremêlée, formant des bourrelets irréguliers, dirigés
en sens différent..................... 104. *ruida.*
Espagne.
Granulations des élytres fines, serrées, séparées .... 103. *variolosa.*
Espagne.

i   Epaules non saillantes, non projetées en
avant...............................   *j*
Epaules saillantes, projetées en avant.....   *u*

j   Arrière-corps large, subhémisphérique, ou
en ovale court.......................   *k*
Arrière-corps allongé, le plus souvent atténué en arrière........................   *o*

k   Côte marginale dentée, arrière-corps lisse,
subhémisphérique ....   *l*
Côte marginale non dentée, arrière-corps
ovale, non lisse......................   *m*

l   Dents de la côte marginale longues, aiguës.
Pronotum manifestement plus large en
arrière qu'en avant .... 114. *tunisea.*
Tunisie.
Dents de la côte marginale courtes, émous-
sées. Pronotum sensiblement de même
largeur, en arrière qu'en avant........ 115. *Claudia.*
Algérie.

m   Sculpture des élytres formée de granulations de deux grandeurs différentes et
isolées.............................. 69. *errans.*
Orient.

Sculpture des élytres inégale, confuse ou plus ou moins réunie transversalement... *n*

n Sculpture des élytres saillante, formée, en majorité, de bourrelets transversaux, tuberculeux .... 110. *rugulosa.*
Italie.

Sculpture des élytres moins saillante, avec des bourrelets transversaux, à peine marqués, et à peu près exclusivement dans le premier intervalle................. 109. *castellana.*
Espagne.

o Tiers moyen du pronotum en dessus, avec des granulations oblitérées, et un espace médian, étroit, lisse.................. 68. *robusta.*
Amasia

Tiers moyen du pronotum en dessus, lisse ou finement ponctué................. *p*

p Côtes dorsales formées, en arrière, de tubercules dentiformes séparés, peu aigus.. 66. *echidna.*
Maroc.

Côtes dorsales granuleuses ou tuberculeuses, devenant, parfois, indistinctes dans le tiers antérieur................. *q*

q Sculpture des intervalles formée partout de granulations arrondies, distinctes, non réunies, ou, parfois, à peine bigéminées. *r*

Sculpture des intervalles confuse, formée de granulations plus ou moins réunies transversalement..................... *s*

r Pronotum deux fois à peine plus large que long. (Poils longs, *caduques*, couchés sur les deux intervalles externes)....... 102. *Perezi.*
Espagne.

Pronotum plus de deux fois plus large que long. (Il n'y a jamais de poils longs couchés sur les deux intervalles externes).. 108. *Villanovæ.*
Espagne.

s Granulations du 4e intervalle notablement plus petites que celles du 3e [1]........ 106. *interjecta.*
Espagne.

Granulations des intervalles sensiblement égales dans les 3e et 4e intervalles...... *t*

t Arrière-corps étroit, convexe en dessus. Sculpture des intervalles saillante, emmêlée, comme réticulée................ 105. *cribra.*
Baléares.

Arrière-corps ovalaire, plus large, subdéprimé. Sculpture des intervalles confuse, jamais très saillante et réticulée... 107. *integra.*
Espagne.

u Tibias postérieurs très étroits sur la face

---

(1) Ce caractère, très évident dans le type (le seul exemplaire que nous ayons vu), est peut-être variable. Les *P. interjecta* et *integra* ne sont peut-être que des individus différents de la même espèce. (Voir les descriptions.)

dorsale . . . . *v*
Tibias postérieurs de largeur ordinaire, jamais très élargis . . . . *y*

v Arrière-corps très convexe dans tous les sens. Antennes non ciliées d'une série de longs poils sur les 3e, 4e et 5e articles... 127. *monticola.*
Espagne.

Arrière-corps plus ou moins déprimé au milieu, 3e, 4e et 5e articles antennaires longuement ciliés en série . . . . *x*

x Tubercules des intervalles oblitérés, dans le 1er intervalle surtout, et vers la base de l'élytre. Les plus gros sont situés dans les 2 intervalles externes . . . . 130. *Buqueti.*
Algérie.

Tubercules des intervalles saillants, non oblitérés, dans le 1er intervalle ; ils diminuent de grosseur de dedans en dehors. Ceux du 4e intervalle sont les plus petits . . . . 129. *Brisouti.*
Algérie.

y Intervalles des tubercules des élytres distinctement alutacés . . . . 126. *punctata.*
Espagne.

Intervalles des tubercules des élytres non distinctement alutacés . . . . *z*

z Taille petite, forme suborbiculaire . . . . 128. *rotundata.*
Espagne.

Taille grande, forme ovalaire large . . . . 131. *valida.*
Algérie, Maroc.

a' Tiers moyen du pronotum granulé . . . . 117. *bipunctata.*
Fr. mér.

Tiers moyen du pronotum lisse ou ponctué . . . . *b'*

b' Pronotum fortement rétréci en arrière, où il est au moins aussi étroit qu'en avant. *c'*

Pronotum légèrement rétréci en arrière, où il est un peu plus large qu'en avant . . . . *d'*

c' Côte latérale toujours plus large que la côte marginale, à peu près de même largeur que la 2e dorsale . . . . 121. *costata.* (1)
Espagne.

Côte latérale à peu près de même largeur que la côte marginale, toujours beaucoup plus étroite que la 2e dorsale . . . . 120. *incerta.*
Espagne.

d' Elytres évidées à la base, ce qui rend les épaules un peu saillantes en avant . . . . . 116. *brevicollis.*
Espagne.

Elytres coupées en ligne droite à la base. Epaules non saillantes, en avant . . . . *e'*

---

(1) Dans la var. *Graphica* de la *P. costata*, la première côte dorsale est seule lisse, il y a même des individus où elle est crénelée.

e' Côte marginale très épaisse, paraissant formée par l'agglomération de petites granulations .... 118. *modesta.*
Portugal.

Côte marginale crénelée, plus ou moins
épaisse, mais ne paraissant pas formée
par une agglomération de petites granulations............................... *f'*

f' Sculpture des intervalles confuse, saillante,
comme réticulée.................... 114. *cribra (v. elevata).*
Baléares.

Sculpture des intervalles formée de granulations distinctes, ou réunies transversalement, mais jamais confuse et réticulée. *g'*

g' Granulation des intervalles dense, presque
égale partout....................... 115. *bætica.*
Espagne.

Granulation des intervalles peu dense.
Les granulations les plus fortes sont assez rares et entremêlées de granules nom-
breux............................... 115. *bætica(v.distincta)*
Espagne.

a" Elytres plus ou moins lisses, ou à granulations oblitérées dans le 1er intervalle,
au moins .... 125. *P. Boyeri (var.
rugifera).*
Algérie.

Elytres entièrement granuleuses, granulations non, ou à peine, oblitérées dans le
premier intervalle .... *b"*

b" Forme allongée, subparallèle, de l'arrière-
corps, qui n'est guère plus large que le
pronotum, au milieu................. 125. *P. Boyeri (var.
granifera.)*
Algérie.

Forme courte, ovalaire ou suborbiculaire.
Pronotum toujours notablement plus
étroit, dans sa plus grande largeur, que
l'arrière-corps .... *c"*

c" Côte marginale formée de dents aiguës,
dressées. Angles postérieurs du prono-
tum obtus, bien marqués............. 134. *mauritanica.*
Algérie.

Côte marginale peu dentée, ou à dents
émoussées ou courtes. Angles postérieurs
du pronotum habituellement peu marqués, souvent arrondis .... *d"*

d" Première côte dorsale lisse, ou presque
lisse, formée, dans ce cas, de crénelures
allongées .... 123. *Duponti.*
Algérie.

Première côte dorsale tuberculeuse....... *e"*

e" Granulations des intervalles fortes, souvent
peu réunies en bourrelets transversaux.

Taille plus petite ....   125. *Boyeri* typique.
                                                          Algérie.

Granulations des intervalles plus petites, réunies, plus ou moins, en bourrelets transversaux. Taille plus grande ....   *f"*

f"   Bourrelets transversaux sur les élytres, très marqués, surtout au niveau du 2e intervalle. Granulation de l'abdomen écartée, ordinairement, sans ponctuation intermédiaire ....   122. *rugosa*.
                                                           Algérie.

Bourrelets transversaux des élytres moins marqués ; les tubercules qui les composent sont plus petits et mieux conservés. Granulation de l'abdomen plus serrée, ordinairement, avec une ponctuation intermédiaire........................   122. *rugosa*. var. A.
                                                           Algérie.

2.   Tibias postérieurs très élargis sur le dos..   *a*

Tibias postérieurs grêles, peu élargis.....   *b*

a   Forme subhémisphérique de l'arrière-corps.   94. *timarchoides*.
                                                          Amasia.

Forme ovale, allongée, de l'arrière-corps ..   93. *akbesiana*.
                                                        Asie mineure.

b   Côte latérale saillante, placée très près et au-dessus de la côte marginale qu'elle surplombe de manière à la cacher lorsqu'on regarde l'insecte de haut en bas..   *c*

Côte latérale plus ou moins saillante, rapprochée de la côte marginale, mais ne la surplombant pas absolument ; il en résulte que ces deux côtes sont visibles lorsqu'on regarde l'insecte de haut en bas........   *d*

c   Arrière-corps très convexe, très lisse, ou avec des pustules de grande taille, confluentes, déprimées, à peine marquées..   95. *polita*.
                                                          Grèce.

Arrière-corps convexe, jamais complètement lisse, beaucoup moins brusquement déclive sur les côtés, avec des pustules de taille moyenne, arrondies, déprimées, ou légèrement saillantes, toujours très séparées ou seulement bigéminées......   97. *verruculifera et v.*
                                                          Grèce.

d   Arrière-corps subglobuleux, lisse, ou à pustules, confluentes, peu saillantes. Pronotum assez long, rétréci en avant..   96. *subglobosa*.
                                                          R. mér. Turq.

Arrière-corps en ovale plus ou moins court, jamais subglobuleux ....   *e*

e   Pronotum couvert, partout, de granulations presque égales, assez rapprochées, arron-

dies et déprimées...................... 100. *græca* Brullé.
Grèce.

Pronotum lisse, ponctué ou granulé, mais,
dans ce cas, les granulations ne recouvrent pas uniformément toute la surface
du pronotum........................ *f*

f   Côtes dorsales nulles, élytres uniformément
couvertes de petites granulations séparées. 100. *Var. asperula.*

Côtes dorsales plus ou moins marquées. . *g*

g   Côtes dorsales formées d'une rangée de
granulations ou de tubercules......... *h*

Côtes dorsales indiquées par des groupes
irréguliers de granulations, placées sans
ordre, sur une élévation légère de l'élytre. *i*

h   Tête et pronotum distinctement granulés.
Côtes élytrales élevées, saillantes....... 98. *sericella.*
Grèce.

Le pronotum, au moins, a sa granulation
au milieu moins saillante ou plus ou
oblitérée............................ 98. *sericella.*
(variétés.)
Grèce.

i   Arrière-corps allongé. Côtés du pronotum
arrondis latéralement. La plus grande
largeur en est située un peu après le
milieu.............................. 99. *cephalenica.*
Céphalonie.

Arrière-corps en ovale court, convexe,
acuminé en arrière. Côtés du pronotum
se rétrécissant régulièrement, en ligne
presque droite, d'arrière en avant. La
plus grande largeur du pronotum est
située un peu en avant des angles pos-
térieurs............................ 98. v. *prætermissa.*
Grèce.

E.   La plus grande largeur du pronotum est
située manifestement en arrière du milieu de sa longueur .... *a*

La plus grande largeur du pronotum est
située au niveau du milieu de sa lon-
gueur............................... 134. *Fairmairei.*
Maroc.

a   Côte marginale non épaissie au voisinage
de la base. Corselet granulé ou lisse.... 132. *scabrosa.*
Espagne mér., Maroc.

Côte marginale manifestement épaissie au
voisinage de la base de l'élytre. Corselet
à gros points enfoncés................ 133. *fornicata et var.*
Espagne, Maroc.

F.   Poils longs dressés sur le pourtour de l'insecte, au moins..................... 135. *hæmispherica*
(♂)(*capillata* Sol.)
Maroc.

Poils longs manquant sur le pourtour de
l'élytre............................. 135. (♀) *hæmispherica.*

DESCRIPTIONS
des Espèces du Genre PIMELIA F.

DEUXIÈME DIVISION

(ESPÈCES A TARSES NON COMPRIMÉS)

III. — Sous-Genre **MELANOSTOLA** (Dj.)

59 (1). **Pimelia simplex** Sol. Ann. Fr. v. 1836. p. 123. — *Melanostola simplex* (Dj. in litt.)

DIAGNOSE Sol. — *Nigra, nitidula, oblonga, cylindrica, lævissima, Elytris costa marginali prominente, serrata serieque postica abbreviata tuberculorum acutorum; antennis articulis tertio, quarto quintoque apice intus longe ciliatis. Pedibus crassis.*

DESCRIPTION : Long. 22 - 33 mill.; larg. 11 - 16 mill. — Ovoïde, allongée, plus ou moins brillante, presqu'entièrement lisse. Faciès du genre Blaps.

Tête granulée ou ponctuée rugueusement en avant, très finement sur le vertex. Labre à peine sinué, cilié de fauve, grossièrement ponctué sur son pourtour. Menton, presque toujours, peu profondément échancré, rugueusement ponctué. Antennes épaisses, atteignant presque les hanches intermédiaires; les articles 3 à 5 sont longuement ciliés en série; 9e article aussi large à l'extrémité que long; 10e transversal. Palpes bruns avec l'extrémité rougeâtre.

.Pronotum cylindrique, fortement arrondi sur les côtés, finement pointillé, avec une élévation caréniforme obsolète au milieu du disque, et, sur les parties latérales, des tubercules assez gros, déprimés, qui ne s'avancent pas jusqu'au rebord même du pronotum. Bord antérieur à peine trisinué; angles antérieurs légèrement saillants, en dehors; postérieurs presque nuls, arrondis. Prosternum terminé par un bec rebordé, peu saillant, portant parfois un petit tubercule, souvent caché par la pubescence. Ecusson variable.

---

(1) Ce numéro est celui du Catalogue général des Pimelia. (Voir ci-après).

Arrière-corps convexe, légèrement déprimé en avant et au milieu, un peu plus large à la base que la base du pronotum. De là les élytres s'élargissent jusqu'au-delà du milieu de leur longueur; puis l'arrière-corps se rétrécit brusquement en arrière. Vue de profil, la courbe longitudinale du dos a son point culminant au tiers postérieur. Surface finement reticulée, paraissant lisse, à l'œil nu. Côte marginale crénelée, réunie en avant au bord supérieur de l'épipleure. Côte latérale indiquée par des tubercules séparés, peu marquée en avant. Côtes dorsales nulles ou faiblement indiquées par une légère saillie longitudinale. Dans le 4e intervalle, et parfois sur les flancs, quelques granulations disséminées. Abdomen ponctué ou presque lisse, avec des tubercules aplatis assez gros.

Tibias antérieurs avec une dent terminale externe peu aiguë. Tibias intermédiaires profondément canaliculés sur la face dorsale, qui, dans les tibias postérieurs est élargie et faiblement creusée. Le 1er article des tarses postérieurs légèrement comprimé.

Habitat : *Algérie :* région des Chott. depuis Ras el ma (près Daya) et Sahara. CC. — Types : Coll. de Marseul.

Cette espèce se retrouve en *Tunisie* et en *Tripolitaine.* Elle se nourrit de matières animales putréfiées et vit indistinctement dans les terrains de toute espèce. (V. Mayet.) — On ne peut la confondre qu'avec la suivante.

60. **P. bajula** Kl. Symb. phys. ii. n° 8. pl. 11. f. 8. (Ol. in. litt.)

Syn : *cylindrica* Sol. l. c. 124.—*Gedeon blapsoides* (Dj. Cat. 128).

Var. A. *Solieri* Muls. Mém. Lyon. Série 2. ii. 1852. p. 8. (Opuscules n° 1.) — *Mulsanti* Reiche Ann. Fr. 1861. p. 88.

Diagnose Kl. — *Atra, thorace utrinque granulato, elytris lateribus denticulatis. — Corpus ovalum, convexum, atrum. Caput punctatum, antice rugosum. Labrum punctatum ferrugineo-ciliatum. Antennæ nigropilosæ. Thorax transversus, lateribus granulatus, medio vix punctatus, antice posteaque fulvo-ciliatus. Pectus abdomenque rugosa. Elytra subalutacea, dorso, vix punctata lateribus punctulata, punctis sparsis parum elevatis sublineata, lineis dorsalibus obsoletis, lateralibus distinctioribus, denticulatis, marginali carinato, Pedes echinati, subpilosi. Tibiæ profundius sulcatæ.*

Description : Long. 18-26 mill.; larg. 9 1/2-14 mill. — Plus ou moins brillante, en ovale allongé subparallèle, légèrement déprimée en dessus, brusquement déclive latéralement. Faciès du genre Blaps.

Tête ponctuée, rugueusement en avant, de plus en plus finement jusque sur le vertex, où la ponctuation est mêlée de petites granulations, parfois très serrées sur les côtés. Labre peu sinué, cilié de fauve, concave et rugueusement ponctué, lisse, en arrière au milieu. Menton rebordé, fortement ponctué, à échancrure faible. Antennes atteignant les hanches intermédiaires; articles cylindriques parfois subglobuleux; 9e grisâtre à l'extrémité, parfois aussi large sur ce point, que long; 10e cupuliforme; 11e grisâtre. Palpes d'un brun rougeâtre à l'extrémité.

Pronotum de dimensions variables, presque toujours deux fois, au moins, plus large que long, paraissant lisse, mais, en réalité, finement ponctué ou granulé, couvert, sur les côtés, de granulations serrées, triangulaires, s'avançant jusqu'au rebord latéral. Vestiges d'un sillon longitudinal médian, obsolète et plus rarement d'une fine carène oblitérée. Bords antérieur et postérieur trisinués. Angles antérieurs peu saillants, postérieurs presque nuls, arrondis. Bords latéraux faiblement et assez régulièrement arrondis. La plus grande largeur du pronotum située au-delà du milieu de sa longueur. Ecusson en T renversé, à branche antérieure très large.

Arrière-corps, en avant, de la largeur de la base du pronotum, terminé en arrière par un prolongement rétréci. Côtes dorsales nulles, indiquées parfois dans le tiers postérieur par une série de fines granulations écartées qui peuvent, pour la 2e dorsale, s'avancer jusqu'à la moitié de l'élytre. Côte latérale composée de tubercules écartés, plus saillants et plus rapprochés en arrière; elle peut manquer dans la première moitié. Côte marginale finement crénelée. Sculpture des intervalles variable, tantôt elle manque absolument, tantôt il n'existe qu'une faible réticulation, tantôt des plis effacés, dans les premiers intervalles, tantôt enfin des points bien marqués, disséminés régulièrement. Mais, même chez les individus les plus lisses, il y a toujours quelques tubercules fins, effacés, dans les deux intervalles externes. Quelquefois, ces granulations deviennent visibles dans la plus grande partie de l'élytre, et forment une transition à la var. *Solieri*. Flancs, le plus souvent, lisses en avant, parsemés de quelques tubercules microscopiques, entremêlés, parfois, de rides à peine marquées. Dessous de l'abdomen finement et densément granulé.

Pattes robustes. Dent terminale externe des tibias antérieurs courte, forte, recourbée à l'extrémité. Face dorsale des quatre tibias postérieurs large, creusée plus profondément dans les pattes intermédiaires. Tarses ayant les articles hérissés de poils raides.

Habitat : Asie mineure; Syrie : Alep, Damas, Beyrouth, Jéricho, Jérusalem, etc. — Types de Solier au Muséum national.

Var. **A**. Se distingue du type par sa taille plus petite, par la plus grande largeur du pronotum située plus en avant, par son arrière-corps relativement plus étroit et plus comprimé latéralement. Les élytres sont couvertes presque uniformément de granulations et de points enfoncés de distance en distance : les granulations sont parfois réunies en séries transversales. Flancs couverts de granulations plus serrées.

Un certain nombre d'individus rapportés du Liban par de la Brulerie se distinguent par la forme élargie de l'arrière-corps.

La var. *Solieri* provient de Syrie : Damas, Ramleh ; Chypre, etc. Elle est plus rare dans les collections que le type de l'espèce.

IV. — Sous-Genre **APHANASPIS** Woll.

61. P. granulicollis Woll. Cat. Ins. Col. Canaries. p. 478.

Diagnose Woll. — *P. subopaca, capite parcissime et leviter punctato, prothorace angustato, minus convexo, basi in medio obsoletissime (vix perspicue) angulatim subproducto, dense et minute granulato, et granulis majoribus, versus latera (præsertim postice) parce adsperso ; elytris rotundato-ovalibus, dense et leviter malleato-rugulosis, versus latera parcissime et leviter tuberculatis (tuberculis postice in granula mergentibus) in limbo leviter serratis, singulis costis tribus (sublaterali parum distincta, tuberculatoserrata sed discali et subsuturali minus elevatis, simplicibns) instructis ; tibiis in face superioriore breviter cinereo pubescentibus.*

Description : Long. 22-23 mill. ; larg. 12-13 mill. — Presque mate, en ovale allongé un peu plus large en avant, peu déprimée sur le dos, brusquement déclive latéralement et en arrière.

Tête presque lisse, rugueusement granulée au devant du sillon interantennaire, qui est très marqué. Labre subsinué, cilié de fauve doré, très densément ponctué. Menton ponctué fortement et anguleusement échancré. Antennes peu épaisses ; articles cylindroconiques hérissés de poils fauves, diminuant de longueur du 3e au 8e ; 9e plus long que large à l'extrémité, 10e très court, 11e assez long. Palpes d'un brun clair.

Pronotum cylindrique, moins de deux fois plus large que long, déprimé légèrement, densément et presque imperceptiblement granulé au milieu, avec une dépression obsolète transversale en avant et une deuxième impression un peu plus marquée au milieu, granulé plus fortement et peu densément, sur les côtés. Entre ces granulations plus fortes se retrouve la granulation du milieu du disque. Bord antérieur presque droit, avec les angles antérieurs un peu saillants en dehors. Bord postérieur légèrement trisinué, avec un léger prolongement anguleux, au devant de la suture. Angles postérieurs obtus. Bords latéraux peu arrondis ; la plus grande largeur du pronotum située, à peu près, au milieu de sa longueur. Prosternum densément couvert de poils jaunes. Ecusson caché lorsque le pronotum est en contact avec les élytres.

Arrière-corps un peu plus large à la base que la base du pronotum. Suture très aplatie, obsolètement rebordée dans la première moitié de l'élytre seulement. La première côte dorsale part de la base, plus près de l'angle huméral que de l'angle scutellaire sous forme d'une ligne lisse à peine perceptible, un peu crénelée dans la 2ᵉ moitié; elle tend à se réunir à la côte latérale en arrière. La deuxième côte dorsale un peu plus marquée, est constituée par une ligne lisse peu visible, sur laquelle sont placées des crénelures, séparées, obsolètes. Elle se termine avant la première. Côte latérale plus saillante, formée de crénelures espacées, aplaties en avant, dentiformes postérieurement. Côte marginale à crénelures écartées en avant. Les deux intervalles internes présentent des plis réticulés, oblitérés; les intervalles externes, et le tiers postérieur de l'arrière-corps tout entier, sont parsemés de granulations espacées très effacées, plus petites en arrière, où elles sont disposées en séries longitudinales parfois assez régulières. Flancs lisses en avant, avec quelques rares granulations dans les 2/3 postérieurs. Le dessous de l'abdomen est couvert de petits poils jaunes fins et couchés; il est densément granuleux et ponctué finement.

Pattes longues, grêles. Les tibias antérieurs présentent une dent assez prononcée, peu prolongée. Face dorsale des tibias intermédiaires et des tibias postérieurs revêtue d'une pubescence serrée, grisâtre. Les tibias postérieurs sont légèrement cambrés en dedans et moins profondément canaliculés.

Patrie : Gᵈᵉ-Canarie, dans les sables de la mer, près de Las Palmas.

62. **P. auriculata** Woll. loc. cit. p. 479.

Syn : *P. bajula* Brull. (erratim).

DIAGNOSE Woll. — *Oblongior quam præcedente (P. granulicollis) ac multo nitidior, prothorace paulo latiore, convexiore, basi sensim rectius truncato, exsculpturato (tuberculis lateralibus exceptis) elytris minus ruguloso-inæqualibus sed juxta suturam grosse sed lævissime transversim malleatis, granulis perpaucis minutis (versus suturam minutissimis) parcissime asperatis, singulis costa sublaterali majora ac multo pauciora efficiente, discali vel indistincta (sensim serrata) vel obsoleta, et subsuturali obsoleta; spatio parvo ante oculos (mox intra genas auriculatas) tibiisque in facie superiore breviter cinereo-pubescentibus.*

DESCRIPTION : Long. 16-25 mill.; larg. 12 1/2-14 mill. — Plus ou moins brillante, en ovale allongé, déprimée sur l'arrière-corps, assez brusquement déclive en arrière.

Tête lisse avec quelques gros points sur le bord antérieur; impression interantennaire habituellement bien marquée, fossettes anteoculaires avec des poils grisâtres caduques. Labre brillant, densément ponctué, concave, subtronqué et cilié de fauve en avant. Menton ponctué, assez profondément échancré. Antennes dépassant en arrière la base du pronotum, hispides, brunâtres, à derniers articles plus clairs. Articles cylindro-coniques diminuant de longueur du 4e au 8e; 9e subcylindrique, plus long que large à l'extrémité.

Pronotum très convexe, subcylindrique, à bord antérieur subsinué; les angles antérieurs assez marqués sont dirigés en dehors. Bord postérieur faiblement trisinué. Bords latéraux arrondis en avant, rentrant, dans la 2e moitié de leur longueur, pour ressortir tout à fait en arrière; angles postérieurs obtus, précédés d'une légère sinuosité du bord latéral. Surface du pronotum largement lisse avec des granulations en petit nombre, écartées très inégalement, sur les côtés. Le prosternum est rebordé en arrière et quelquefois rostriforme. Ecusson triangulaire, transversal, très court, complètement caché par le pronotum placé en extension.

Arrière-corps pas plus large, à la base, que la base du pronotum. Côte marginale formée de crénelures peu serrées, surtout en arrière. Côte latérale entièrement formée de tubercules allongés, saillants, écartés; elle se réunit à la marginale, en avant et en arrière. Deuxième côte dorsale indiquée par une série de crénelures écartées, manquant parfois presque complètement, et toujours plus ou moins effacée et raccourcie, en arrière. Première côte dorsale obsolète, manquant complètement, ou à peine indiquée en arrière, par une série de fines crénelures allongées et effacées. Suture très finement rebordée, très légèrement saillante au milieu de l'élytre seulement. Elytres presque lisses avec quelques fines granulations dont le volume augmente de dedans en dehors; elles sont nulles, ou à peu près, dans le premier intervalle, où on voit quelques saillies transversales presqu'imperceptibles. Flancs presque lisses, avec quelques fines granulations, plus nombreuses tout à fait en arrière. Abdomen à granulation variable, quelquefois forte et écartée, quelquefois très serrée et entremêlée de points.

Pattes longues et robustes. Tibias intermédiaires canaliculés et tibias postérieurs aplatis sur leur face dorsale, qui est couverte d'une pubescence grisâtre serrée.

Patrie : Grande-Canarie. Assez commune (Wollaston).

Ne pourrait être confondue qu'avec la *P. granulicollis* dont elle se distingue assez facilement, par la base du pronotum non ang04uleusement prolongée au devant de la suture, et le milieu du disque du pronotum sans granulations effacées. Elle a été confondue, à tort, par Brullé, avec la *P. bajula* Kl.

V. — Sous-Genre **GEDEON** Reiche.

63. P. parallela Sol. loc. cit. p. 125,

    Syn : *Olivieri* (Ol. in coll.) — Gedeon *Borrei* Haag. Mith. d. ent. Ver. 1878. p. 91.

Diagnose Sol. — *Nigra, oblonga, subcylindrica. Prothorace retrorsum angustato, basique supra emarginato ; lateribus tuberculis magnis, parum compressis. Elytris dorso depressis ; tuberculis lateribus, satis magnis, medio minoribus, tectis. Costa marginali dentata, seriebusque tribus vix distinctis. Antennis articulis tertio, quarto quintoque intus apice longe ciliatis.*

Description : Long. 22-28 mill. ; larg. 12-14 mill. — Allongée subparallèle, légèrement brillante, déprimée sur le dos.

Tête très grande (surtout ♀) finement ponctuée, presque lisse. Fossettes ante-oculaires et bord antérieur ponctués plus fortement. Impression interantennaire marquée. Labre peu sinué. Menton grand, assez fortement ponctué, peu profondément échancré. Antennes dépassant notablement la base du pronotum, noires, hispides ; articles 3e, 4e et 5e souvent ciliés de poils longs, roussâtres, en série ; 9e plus long que large, brunâtre à l'extrémité ; 10e et 11e transversaux.

Pronotum plus de deux fois plus large que long, très fortement rétréci en arrière (surtout ♂). Angles antérieurs peu saillants, postérieurs presque nuls, arrondis. La plus grande largeur du pronotum est en avant du milieu de sa longueur. Bord postérieur légèrement concave en arrière. Milieu du pronotum, en dessus, lisse avec quelques points le long des bords. Côtés couverts de granulations peu serrées, assez fortes, déprimées, entremêlées de granules fins. Prosternum terminé par un bec peu prolongé, rebordé, avec une légère saillie tuberculeuse en arrière. Ecusson petit en T renversé.

Arrière-corps à côtés presque parallèles ♂, un peu plus arrondis latéralement ♀, brusquement déclive en arrière et latéralement, aplati sur le dos. Les élytres sont couvertes de tubercules triangulaires réunis en séries ou en rides transversales. Ces tubercules sont de moyenne taille, plus petits en arrière, surtout dans le 1er intervalle, où ils forment comme une plaque de granules fins et serrés. Dans la partie antérieure de ce même intervalle, ils sont moins gros que dans les autres et en partie effacés. Ils sont de même grosseur sur les flancs de l'élytre que dans le 4e intervalle. Sur les flancs et à la partie postérieure de l'arrière-corps, on aperçoit des poils longs, dressés, de couleur fauve. Les côtes dorsales et latérale se confondent en avant avec les granulations des élytres. La 1re dorsale est quelquefois plus raccourcie, en arrière, que la 2e dorsale. La côte marginale est formée d'une série de petites granulations plus serrées en arrière ; suture lisse, non élevée. Dessous de l'abdomen pubescent, avec une granulation écartée, entremêlée de quelques granules.

Pattes fortes, fortement granuleuses. Tibias antérieurs avec un prolongement terminal externe peu marqué, mousse. Tibias intermédiaires cannelés sur le dos. Tibias postérieurs moins profondément évidés. Tarses postérieurs à articles triangulaires peu élargis transversalement, surtout le premier.

Patrie : Solier ne connaissait pas la provenance de cet insecte. Des trois individus que nous avons sous les yeux, l'un provient d'Alep. (Coll. Ern. Olivier.) Les deux autres sont de Mésopotamie. (Coll. du Muséum de Paris.) L'insecte décrit par Haag était également de Mésopotamie. Il existe au Muséum de Paris deux individus indiqués de Perse. (?)

64. P. hierichontica (Gedeon hierichonticum) Reiche. Ann. Fr. 1857, p. 221. pl. v. f. 8.

Syn : *P. arabica* Sol. loc. cit. p. 126 (nec. Kl.)

Diagnose Sol. — *Nigra, oblonga, subcylindrica, supra leviter depressa. Capite prothoraceque retrorsum angustato, basi subtruncato, nitidis. Elytris tuberculatis, tuberculis medio subobliteratis. Antennis rufis; tarsis tibiisque rufo obscuris.*

Description : Long. 17-22 mill.; larg. 8-10 mill. — D'un noir parfois brunâtre, plus mat sur l'arrière-corps, qui est allongé, subcylindrique.

Tête très grosse, au moins aussi large que le pronotum à sa base, ponctuée densément en avant, très sparsément sur le vertex. La partie située en arrière des yeux, finement alutacée. Labre concave, laissant souvent à découvert l'épistome, anguleusement et fortement sinué en avant, où il est cilié de poils fins, serrés, d'un fauve doré. Il est souvent brun, grossièrement ponctué, excepté en arrière. Menton étroitement rebordé, fortement et anguleusement échancré. Antennes brunes, fortes, n'atteignant pas la base du pronotum, à articles épais, subégaux; le 9e aussi large à l'extrémité que long. Palpes bruns, à dernier article court, plus clair.

Pronotum coupé presque en ligne droite, en avant et en arrière ; angles antérieurs presque nuls, ainsi que les postérieurs, qui sont très obtus. Il est fortement rétréci en arrière; sa plus grande largeur étant placée très près du bord antérieur. Disque lisse, à peine ponctué au milieu, densément et finement granulé sur les côtés. Prosternum obsolètement rebordé en arrière, quelquefois un peu rostriforme. Ecusson en T renversé, à branche antérieure courte.

Arrière-corps épais, à peine aussi large que le pronotum en avant, légèrement rétréci en arrière, obliquement déclive postérieurement. Suture lisse, peu ou non saillante. Les élytres sont couvertes de petites granulations triangulaires déprimées, souvent effacées dans la partie antérieure du 1er intervalle et dont la grosseur augmente de dedans en dehors. Les côtes dorsales et latérale indistinctes dans la première moitié, souvent à peine visibles postérieurement. Entre la 1re dorsale et la suture se voit souvent, tout à fait en arrière, une granulation fine et serrée bien plus petite que dans le reste de l'élytre. Côte marginale distincte, atteignant la base de l'élytre et composée d'une ligne de petites granulations serrées. En arrière et sur les côtés existe une pubescence fine, rousse, dressée, assez longue, mais très caduque. Flancs couverts de granulations médiocrement écartées, un peu plus petites que dans le 4e intervalle, plus petites et un peu plus serrées en arrière. Abdomen subrugueux, couvert de granulations bien distinctes et portant, surtout sur les segments antérieurs, des poils fauves, longs, dirigés en arrière.

Pattes brunâtres, finement granulées. Tibias antérieurs élargis triangulairement à l'extrémité, sans dent externe sur-ajoutée. Les épines terminales internes sont courtes, robustes, peu acuminées et droites. Tibias intermédiaires un peu plus profondément cannelés sur le dos que les tibias postérieurs. Tarses brunâtres à articles triangulaires assez allongés.

Arabie : elle paraît être commune ; Syrie : bords du Jourdain ; Egypte. (1 ex. de la coll. Sédillot.) — Type de Solier au Museum de Paris.

65. **P. persica** Baud. (Gedeon persicum). Deut. ent. Zeits. 1876. p. 29 et 30 (note) — (nec. Fald.)

DIAGNOSE Baud. — *Niger, oblongus subcylindricus, capite punctato utrinque tuberculato, thorace brevi, basin versus attenuato, utrinque dense pubescente, granulato, disco glabro, punctulato ; elytris dense distincteque tuberculatis, seriebus dorsalibus marginalique acutis, postice perpicuis, abdomine parum crebe granuloso.*

DESCRIPTION (1) : Long. 20 mill. ; larg. 8-8 1/2 mill. — D'un noir peu brillant sur la tête et le pronotum, mat sur l'arrière-corps de même forme que la *P. hierichontica;* mais un peu plus rétréci en avant et en arrière.

Tête grande, aussi large que le pronotum à la base, granulée assez fortement et ponctuée, rugueusement ponctuée en avant; dépression interantennaire bien marquée. Labre sinué et garni de touffes de cils

____

(1) Description faite sur un type de M. Baudi de Selve envoyé par M. Gestro.

fauves en avant où il est rugueusement ponctué, lisse en arrière.
Menton rugueux, finement rebordé, anguleusement et fortement
échancré. Antennes n'atteignant pas le bord postérieur du pronotum,
à articles cylindro-coniques assez courts. Le 9e à peu près aussi
large à l'extrémité que long. Palpes bruns à dernier article plus
clair à l'extrémité qui n'est pas tronquée.

Pronotum coupé droit en avant. Angles antérieurs presque nuls ;
bord postérieur légèrement concave en arrière. Côtés arrondis en
avant, rentrants en arrière. La plus grande largeur du pronotum est
située à la réunion du tiers antérieur avec le tiers moyen. Les côtés
du disque du pronotum sont couverts de granulations hémisphériques médiocrement confluentes, émergeant d'une pubescence grisâtre, épaisse et couchée ; ces granulations s'avancent en arrière et
surtout en avant, vers le milieu du disque, qui est finement ponctué,
avec un espace longitudinal lisse, obsolètement marqué d'un léger
sillon en arrière et d'une carène effacée en avant. Ecusson triangulaire assez saillant.

Arrière-corps séparé du pronotum par une sorte bourrelet très
visible. Il est couvert, assez densément, de granulations hémisphériques de deux grosseurs différentes, nullement effacées dans le
1er intervalle en avant, plus petites et plus serrées dans sa partie
postérieure ; sur les côtés et en arrière quelques poils longs, roux,
dressés. Côte marginale formée de granulations serrées. Côte latérale
distincte jusqu'au bord antérieur, formée en arrière de tubercules
triangulaires assez saillants. La 2e dorsale distincte jusqu'à la moitié
de l'élytre, se confond, en avant, avec les granulations des intervalles ;
elle est formée, en arrière, de tubercules encore plus écartés et plus
saillants que pour la côte latérale. La 1re dorsale est confondue, dans
presque toute son étendue, avec les granulations des intervalles. Sur
quelques exemplaires, d'après M. Baudi de Selve, elle serait lisse et
distincte dans tout son trajet. Flancs lisses antérieurement au
voisinage de l'épipleure, finement et sparsément granulés ; suture
déprimée plutôt que saillante. Abdomen finement granulé, couvert
d'une pubescence grisâtre entremêlée de quelques poils longs, roux,
et couchés.

Pattes assez longues, grêles. Tibias antérieurs terminés extérieurement par une saillie assez forte, obtuse. Tibias intermédiaires plus
profondément cannelés que les tibias postérieurs, sur leur face
dorsale.

Patrie : Perse mér. — Types : Coll. du Musée de Gênes, la mienne.

Cette espèce, voisine de la *P. hierichontica* Reiche, s'en distingue
par la granulation différente de la tête, du pronotum et des élytres.
La plus grande largeur du pronotum est placée plus en arrière. Les
côtes 2e dorsale et latérale, sont constituées différemment, etc., etc.

Nous avons pu lui en conserver le nom donné par M. Baudi de Selve, malgré la réunion du genre Gedeon au genre Pimelia. En effet, la *P. persica* de Faldermann n'est qu'une variété de sa Pimelia *dubia*.

VI. — Sous-Genre **PIMELIA** (sensu stricto).

66. **P. echidna** Fairm. Pet. nouv. ent. 7e année. 15 novembre 1875.
Var. *oblonga* Sén. Ann. Fr. 1885. Bull. p. 81.

DIAGNOSE Fairm. — *Ovato oblonga, subcompressa valde convexa, nigra, modice nitida, capite parum dense punctato, antice fortius, antennis validiusculis basin prothoracis superantibus; prothorace transverso, lateribus valde rotundato, margine externo serratulo, angulis anticis dentiformibus, dorso tenuiter sparsim punctato, lateribus aspero-granosis, elytris ovatis, medio subparallelis aspero granosis et tenuiter impressis, granis suturam et scutellum versus obsolescentibus, utrinque lineis 3 magis grosse granosis, granis paulo oblongis et retrorsum versis, apicem elytrorum versus magis acutis, margine reflexo asperato; subtus asperatis, pedibus rugosis, tarsis posticis fere nudis articulo primo basi; vix compresso.*

DESCRIPTION : Long. 18 à 23 mill.; larg. 11-13 mill. — D'un noir mat sur le thorax, légèrement brillant sur l'arrière-corps; en ovale très allongé, subparallèle, comprimé latéralement.

Tête couverte de petites granulations espacées, manquant, parfois, sur le vertex ; bord antérieur finement rebordé, peu rugueusement ponctué. Impression anterantennaire obsolète ; il en existe quelquefois une deuxième sur le front entre les yeux. Labre ponctué, surtout en avant, subsinué et cilié de fauve doré. Menton fortement et assez largement échancré en avant, lisse ou marqué de quelques points espacés. Antennes dépassant à peine la base du pronotum, médiocrement épaissie, à articles 4 à 9 cylindro-coniques, hispides, diminuant progressivement de longueur. L'extrémité du 3e et les 4e et 5e portent fréquemment des cils longs, sérialement rangés.

Pronotum plus large que loug, de même largeur et subsinué en avant et en arrière, arrondi latéralement et ayant son maximum de largeur à peu près au milieu. Bord antérieur beaucoup plus largement rebordé sur les côtés. Angles antérieurs saillants ; angles postérieurs, arrondis, presque nuls. Le tiers moyen du dos du pronotum plus mat, lisse ou finement pointillé, avec quelques très petites granulosités disséminées en avant. Les tiers latéraux sont couverts, assez densément, de granulations arrondies, entremêlées, ordinairement, de petits granules en nombre variable. Prosternum terminé en arrière par un tubercule plus ou moins prononcé, aigu, manquant rarement tout à fait, probablement, chez la femelle. Écusson petit, à branche postérieure assez épaisse.

Arrière-corps pas plus large à la base que la base du pronotum, subcylindrique, déprimé sur le milieu du dos, brusquement déclive postérieurement, où il paraît être un peu plus large qu'en avant. Suture non relevée, non, ou très étroitement, bordée. Première côte dorsale à peine indiquée, antérieurement, par une légère saillie et quelques tubercules oblitérés ; elle est constituée dans la deuxième moitié des élytres, par une rangée de tubercules triangulaires très écartés. La 2e côte dorsale est constituée de même, mais peut être suivie distinctement plus loin en avant, et quelquefois jusqu'à la base. Ces deux côtes tendent à se réunir postérieurement. Les côtes marginale et latérale sont formées également de tubercules séparés, de plus en plus acuminés et saillants, d'avant en arrière, et sont plus prolongées que les côtes dorsales. Les élytres sont parsemées de tubercules oblitérés dans le premier intervalle, surtout en avant. Cette granulation est formée, dans les intervalles externes, de tubercules arrondis, assez forts, disposés en séries longitudinales et entremêlés de petits granules nombreux ; ceux-ci sont parfois réunis en petites séries formant des rides transversales. Les flancs présentent de très petites granulations espacées et parfois quelques rides transversales. Abdomen à granulation variable, plus ou moins serrée, plus ou moins aplatie, quelquefois entremêlée de points enfoncés.

Tibias antérieurs peu élargis à l'extrémité, terminés en dehors par une apophyse courte, assez aiguë. Tibias intermédiaires profondément creusés sur la face dorsale ; les tibias postérieurs le sont moins. Quatre tarses postérieurs à articles triangulaires, allongés, très brièvement hispides.

Patrie : Maroc : Mogador, Tanger, Casablanca. — Types : Collect. Fairmaire.

Cette espèce ne paraît pas être rare. Elle porte souvent, dans les collections, le nom de *P. elongata* ; elle se rapproche, par sa forme, des espèces du sous-genre Gedeon.

Var. A. (*oblonga*) Sén. Ann. Fr. 1885. Bull. p. 81. — Nous avions d'abord considéré cette forme comme constituant une espèce distincte, et peut-être en est-il réellement ainsi. Cependant, des exemplaires de la *P. echidna*, que nous avons examinés depuis, nous font douter un peu de la légitimité de cette espèce. Aussi croyons-nous préférable de la réunir à la *P. echidna* tant que de nouveaux exemplaires de la *P. oblonga* ne nous auront pas donné une certitude absolue.

Elle se distingue par la forme beaucoup plus arrondie latéralement de son arrière-corps, qui est à peine comprimé latéralement, par son pronotum plus large en avant du milieu de sa longueur, plus long, plus rétréci en arrière, par sa côte marginale formée en arrière de dents plus obtuses, moins longues. L'insecte est très brillant au lieu de l'être fort peu. Enfin, sur les deux seuls exemplaires que nous connaissions, le prosternum n'est pas tuberculé à l'extrémité.

Patrie : Maroc : Mogador. — Types : Coll. Fairmaire, la mienne.

67. P. prolongata Mill. Wien. ent. Monats. 1861. p. 180. pl. v. f. 17.

DIAGNOSE Mill. — *Elongato-ovalis, nigra, subnitida, glabra, capite dense granulato ; antennis articulo nono brevi* (1)*, thorace fere cylindrico, medio tuberculis depressis, lateribus acutiusculis dense obsito. Elytris subtilissime quadrituberculato-sublineatis, interstitiis, minus dense granulatis, tibiis posticis supra latis, tarsis non compressis, trigonis.*

DESCRIPTION : Long. 22 - 24 mill. ; larg. 11 - 13 mill. — D'un noir mat, en ovale allongé, subélargie en arrière, aplatie en dessus, très brusquement déclive postérieurement.

Tête couverte partout d'une granulation serrée, sans impression interantennaire marquée. Bord antérieur concave, rugueux. Labre brunâtre, lisse en arrière, rugueux, et cilié de fauve doré en avant. Menton rugueux. Antennes longues, peu épaisses, à articles allongés diminuant du 3e au 8e ; 9e très grêle à la base, plus long que large ; 10e transversal. Palpes roux à l'extrémité.

Pronotum subrectangulaire mais arrondi latéralement, à peine deux fois aussi large que long ; il ne l'est pas beaucoup plus que la tête. Bord antérieur tronqué ; angles antérieurs peu saillants : le postérieur, subtrisinué, avançant un peu anguleusement au devant de la suture. Angles postérieurs très obtus. Bords latéraux un peu arrondis. La plus grande largeur du pronotum est située en arrière du milieu, et le bord postérieur est un peu plus large que l'antérieur. Le pronotum est couvert, assez densément, de petites granulations tuberculiformes presque semblables entre elles. Prosternum, non rebordé en arrière, réfléchi. Ecusson triangulaire, transversal, assez large.

Arrière-corps à peine plus large à la base, que la base du pronotum, déprimé sur le dos, fortement déclive sur les côtés, et postérieurement ; côtés subparallèles (♂) ; un peu élargi en arrière (♀). Il est couvert en totalité de très petites granulations subégalement écartées et plus petites vers la suture et à l'extrémité, où elles sont un plus écartées. Les tubercules sont réunis sur le milieu du disque par de petites rides transversales, à peine visibles. Les côtes dorsales et

---

(1) Il y a là une erreur manifeste : sur les exemplaires ex-type, communiqués par M. Kraatz, le 9e article des antennes est relativement très long.

latérale sont formées de petites granulations se confondant avec
celles des intervalles; elles sont un peu mieux indiquées en arrière.
La première dorsale est quelquefois nulle dans toute son étendue.
Côte marginale entière, marquée, formée de petites granulations
séparées, mais rapprochées. Flancs parsemés de granulations très
écartées, plus petites antérieurement que celles du dos des élytres.
Dessous de l'abdomen alutacé, couvert de petites granulations serrées; celles du dernier segment sont aussi serrées que celles du
premier.

Pattes longues, Tibias antérieurs peu élargis; dent externe terminale assez aiguë mais peu prolongée. Tibias intermédiaires largement et assez profondément creusés sur le dos. Ils le sont plus que
les tibias postérieurs. Quatre tarses postérieurs à articles triangulaires, assez allongés et densément hérissés de poils roux.

Patrie : Syrie : Jaffa, Palestine ; Egypte?

68. **P. robusta** Kr. Rv. der Ten. p. 362. 366.

Diagnose Kr. — *Nigra oblongo-ovalis, subopaca, pilis brevibus,
fulvis haud erectis vestita, thorace basin versus magis angustato,
irregulariter minus crebre tuberculato, tuberculis medium versus
fere obliteratis, linea longitudinali discoïdali lævi, elytris dense
tuberculatis, minus dense granulatis, tuberculis minutis nitidulis
seriebus 4 indicatis.*

Description (1) : Long. 22 mill.; larg. 11 1/2 mill. — En ovoïde
allongé, assez épaisse, subdéprimée sur le dos de l'arrière-corps, et
d'un noir brunâtre mat.

Tête alutacée, couverte de granulations oblitérées, avec quelques
gros points allongés le long du bord antérieur. Labre ponctué peu
densément et assez fortement. Menton ponctué, largement et peu
profondément échancré. Antennes épaisses, dépassant en arrière le
bord postérieur du pronotum, à articles 3-8 plus longs que larges,
les articles 8e et 9e, ce dernier surtout, sont à peu près aussi larges
à l'extrémité que longs; 10e court, transversal. Dernier article des
palpes maxillaires ovalaire, taché de fauve tout à fait à l'extrémité.

Pronotum cylindrique, convexe, deux fois environ aussi large que
long, à bord antérieur trisinué, avec les angles antérieurs presque
nuls, arrondi assez fortement sur les côtés; le bord postérieur est un
peu moins large que le bord antérieur; il est légèrement concave en
arrière, et laisse ainsi à découvert la portion médiane du bourrelet
qui sépare le pronotum de l'arrière-corps. Angles postérieurs très
obtus, peu marqués. Toute la superficie est couverte de granulations
un peu oblitérées sur le disque, où l'on aperçoit un espace longitu-

---

(1) Description faite sur un exemplaire obligeamment communiqué par M. Kraatz.

dinal lisse, mal limité. Ecusson triangulaire, à base convexe en arrière et à côtés légèrement concaves.

Elytres légèrement évidées de chaque côté à la base ; elles s'arrondissent très régulièrement de chaque côté pour former un arrière-corps ovale. Toute leur surface, y compris les flancs, est couverte de petites granulations hémisphériques, à peu près égales, entre lesquelles on aperçoit de petits granules, moins nombreux que les granulations, et des poils fauves, couchés. Suture non rebordée. Les côtes dorsales, latérale et marginale sont formées par des rangées de granulations un peu plus fortes que celles des intervalles. Les granulations sont plus grosses que partout ailleurs dans le premier tiers de la côte marginale. Les deux côtes dorsales se terminent en Y ; la côte latérale se réunit à la marginale. Abdomen alutacé, couvert assez densément de tubercules squamiformes, aplatis, excepté sur le milieu de l'avant-dernier segment, qui est toujours lisse, ainsi que la partie antérieure du dernier segment.

Pattes assez courtes, robustes. La dent terminale externe des tibias antérieurs indiquée par M. Kraatz est presque nulle dans l'individu que nous décrivons. Tibias postérieurs assez larges et creusés sur la face dorsale, mais moins profondément que les tibias intermédiaires. Quatre tarses postérieurs triangulaires, glabres. Le dernier article est assez épais, les ongles écartés.

Patrie : Amasia. (Envoyée par Kindermann, sous le nom de *Pachyscelis robusta*. in litt.) Diarbekir.

Nous rapportons dubitativement à cette espèce un insecte provenant de Diarbekir. Il diffère de la *robusta* telle qu'elle vient d'être décrite, par la granulation beaucoup plus forte des intervalles des élytres, sans granules interposés, et se réunissent en séries transversales serrées. Il n'existe aucune trace de pubescence. La côte marginale est fortement et densément crénelée.

Un exemplaire coll. de Marseul. — Nous n'osons en faire une espèce distincte, tant que nous n'en aurons pas vu d'autres exemplaires.

69. **P. errans** Mill. loc. cit. p. 181. pl. 5. f. 18.

DIAGNOSE Mill. — *Nigra, subnitida, breviter ovalis; capite vage granulato, antennis articulo nono brevi; thorace longitudine duplo latiore, lateribus rotundato, supra medio fere lævi, lateribus dense granulato, elytris subrotundatis, dense tuberculatis, costis dorsalibus et laterali vix perspicuis; tibiis posterioribus supra latis, tarsorum articulis non compressis.*

DESCRIPTION : Long. 17-24 mill.; larg. 10-12 mill. — Peu brillante, en ovale court, légèrement subdéprimée sur le dos de l'arrière-corps, qui est assez épais.

Tête maté, granulée, plus densément au milieu qu'en avant et en arrière, où existe parfois une ponctuation. Labre granulé, cilié de poils d'un jaune doré, en avant, et bruns sur les côtés, presque lisse arrière. Menton rebordé, assez fortement ponctué. Antennes robustes; articles 4-7 plus longs que larges, diminuant progressivement de longueur; le 7e est le plus court, aussi large à l'extrémité que long; 9e d'un brun clair, plus large que long; 10e cupuliforme.

Pronotum transversal subcylindrique, convexe, un peu plus large en arrière qu'en avant. Bord antérieur trisinué, avec les angles antérieurs assez saillants en avant, bordé de fauve clair. Bords latéraux arrondis en avant, presque droits en arrière. La plus grande largeur du pronotum est située en arrière du milieu. Bord postérieur légèrement sinué, avec les angles postérieurs obtus, mais bien marqués. Côtés du pronotum couverts assez densément de granulations fortes, arrondies, qui s'avancent en avant et en arrière vers le milieu du disque; celui-ci est presque lisse, mais avec quelques granulations oblitérées et les traces d'un sillon médian longitudinal. Ecusson en triangle, court, transversal.

L'arrière-corps n'est pas plus large à la base que la base du pronotum. Il est couvert de tubercules hémisphériques, brillants, qui diminuent de grosseur d'avant en arrière. Ces granulations, toujours plus ou moins oblitérées au voisinage de l'écusson, le sont souvent dans une longueur plus ou moins considérable du premier intervalle en avant. Elles sont entremêlées de petits granules noirs, en nombre variable, mais toujours plus nombreux en arrière. Les côtes dorsales manquent ordinairement dans la première moitié; l'une d'elles (et le plus souvent la deuxième) peut manquer tout à fait; elles sont indiquées habituellement par une rangée longitudinale de quelques granulations vers les 3/4 postérieurs de l'élytre. La côte latérale, composée de granulations arrondies, en avant, et qui diminuent de volume en devenant un peu triangulaires postérieurement, devient appréciable dans le 2e tiers de l'élytre. En avant, elle est confondue avec les granulations des intervalles; la côte marginale, formée de petites crénelures serrées, est entière. Flancs couverts, assez également, de petits tubercules espacés, entremêlés, parfois, de quelques petites rides. Les intervalles externes et l'extrémité de l'élytre sont revêtus, chez les individus frais, d'une pubescence fine et couchée, de couleur grisâtre. Abdomen couvert de petites granulations, entremêlées, parfois, d'une fine ponctuation, et présentant une pubescence fine, grisâtre, plus longue sur les côtés.

Tibias antérieurs terminés, en dehors, par une dent mousse paraissant surajoutée et légèrement recourbée en dedans. Les tibias intermédiaires sont assez larges et creusés d'un sillon profond et large sur la face dorsale. Les tibias postérieurs, également assez larges, sont plus superficiellement creusés. Les tarses ont les articles

longs, triangulaires, à angles latéraux fortement rabattus de chaque
côté. Les pattes tout entières, hérissées de poils longs, noirâtres.
  Patrie : Syrie : Beyrouth, Jaffa. (Miller.)

70. P. Kraatzi n. sp. (*limaria* Kr. in litt.)

  DIAGNOSE. — *Nigro-brunnea, sub-opaca, ovata, subquadrata.
Caput medio granulatum. Antennæ graciles, articulo nono latitudine longiore. Pronotum medio, supra, læve, latera versus granulatum, angulis anticis valde prominentibus. Elytra granulata,
granulis minoribus majoribusque mixtis. Costa marginalis latior
denticulato-serrata : aliæ e granulis majoribus disjunctisque formatæ. Latera granulis antrorsum inæqualibus, postice minutis,
irrorata. Abdomen subtus griseo-pubescens, sparsim granulatum,
pilis fulvis erectis, lateraliter, vestitum. Pedes validi. Tibiæ anticæ dente acuto validoque extus terminatæ. Tarsi quatuor postici
triangulares, hirsuti.*

  DESCRIPTION : Long. 20-23 mill.; larg. 12-13 mill. — D'un noir
brunâtre, peu brillant; arrière-corps en ovale large, déprimé sur le
dos, habituellement subparallèle sur les côtés.
  Tête lâchement granulée entre les yeux, presque lisse en avant et
en arrière. Labre ponctué, lisse en arrière, cilié de fauve doré. Menton granulé, avec une échancrure antérieure nette, peu profonde, se
continuant par un sillon superficiel plus ou moins complet. Antennes
assez grêles, dépassant en arrière la base du pronotum, à articles
cylindro-coniques allongés; 8e et 9e un peu plus élargis au sommet,
mais encore sensiblement moins larges que longs. Palpes brunâtres,
à dernier article fauve à l'extrémité.
  Pronotum moins de deux fois plus large que long, également large
en avant et en arrière, un peu arrondi latéralement, dans la moitié
antérieure, et presque en ligne droite postérieurement. Bord antérieur
trisinué; angles antérieurs très proéminents en avant, très aigus.
Bord postérieur droit; les angles postérieurs, arrondis, précédés
d'une légère sinuosité du bord latéral; il est cilié en avant et en arrière de gris jaunâtre. Sa superficie est couverte, latéralement, de
granulations assez fortes, écartées, s'avançant vers le milieu en
arrière et surtout en avant. Milieu du disque lisse, avec les traces
d'un sillon médian longitudinal, quelques points ou quelques granulations; dans un des exemplaires que nous décrivons, celles-ci ont conservé leur volume, mais sont plus écartées que sur les côtés et ne
laissent qu'une bande longitudinale lisse sur la ligne médiane.
Écusson triangulaire, assez large.
  Arrière-corps un peu plus large à la base que la base du pronotum;
à l'épaule on aperçoit, en regardant de haut en bas, une petite saillie

formée par le bord de l'épipleure. Les élytres sont couvertes latéralement, assez densément, de granulations hémisphériques de deux grosseurs différentes. Sur ce fond se détachent les deux côtes dorsales et la côte latérale, formées de granulations écartées, plus grosses que celles des intervalles et qui se rapprochent, de plus en plus, d'avant en arrière. La côté marginale est formée de crénelures serrées, excepté tout à fait en avant, où elles sont un peu écartées. Elle est plus épaisse que les autres, et paraît denticulée, vue d'en haut. Les flancs sont parsemés de granulations inégales en avant, plus petites que dans le 4ᵉ intervalle. Abdomen alutacé ou presque lisse en dessous, avec une granulation assez espacée, des traces d'une fine pubescence grisâtre et des poils fauves, longs, un peu dressés sur les côtés des segments.

Pattes robustes, fortement granulées; tibias antérieurs dentelés extérieurement, à dent terminale externe longue, assez acuminée. Dos des tibias intermédiaires fortement creusés. La face dorsale des tibias postérieurs l'est moins. Quatre tarses postérieurs allongés, hispides; ongles divergents.

Patrie : Mésopotamie. — Les individus vus par M. Kraatz proviennent de M. Helfer. Nous en avons vu un de la même provenance, parmi les insectes qui nous ont été communiqués par le Musée zoologique de Berlin. Deux exemplaires sans localité, dans notre collection.

Cette espèce est bien distincte de la *P. errans* Mill. dont elle se rapproche. L'arrière-corps, plus large à la base, est presque carré chez quelques individus. La granulation des intervalles est formée de tubercules presque égaux entre eux, et toujours plus petits que ceux qui entrent dans la composition des côtes. Le pronotum est plus aplati. Les articles 8 et 9 des antennes sont plus longs que larges à l'extrémité, la granulation des flancs est simple au lieu d'être double, et plus petite que celle du 4ᵉ intervalle. Peut-être trouvera-t-on plus tard des exemplaires formant le passage de l'une à l'autre; il serait aujourd'hui prématuré de les réunir.

Nous dédions cette espèce au savant entomologiste qui s'est occupé, si utilement, de la révision des Ténébrionides.

71. P. Hildebrandti. V. Harold. Monat. Acad. d. Wissenschaft. Berlin. 1879. p. 221.

Var. *ceuchronota* Fairm. Voyage de M. Revoil au pays des Somalis. 1882.

DIAGNOSE V. Harold. — *Modice nitida, brevissime flavo-setulosa, capite medio parce, lateribus densius punctato. Thorace longitudine duplo latiore, lateribus valde rotundatis, aperato-punctulato; elytris ovalibus dorso antice subdepressis, medio dense, lateraliter remotius, tuberculatis, costis utrinque quatuor, secunda postice valde abbreviata optime discretis, epipleuris parcius tuberculatis ; corpore subtus cum pedibus flavo-squamulosis, mesosterno apice emarginato et utrinque tuberculato.*

DESCRIPTION [1] : Long. 21-24 mill.; larg. 12-13 mill. — Epaisse, ovalaire, atténuée postérieurement, couverte en totalité d'un enduit d'apparence terreuse et qui ne s'enlève que très difficilement, et en faisant disparaître une pubescence jaunâtre, épaisse et feutrée, qui recouvre les élytres.

Tête ponctuée et ridée en avant de la dépression interantennaire, granulée peu densément, sur le front; de chaque granule émerge un petit cil fauve. Labre rugueusement ponctué en avant, où il est à peine sinué, et cilié de fauve doré. Menton ponctué, à échancrure antérieure très marquée, mais peu profonde. Antennes assez épaisses à articles cylindro-coniques, hispides. Le 8e est un peu plus long que large; le 9e est un peu renflé à l'extrémité, mais il y est, cependant, plus long que large. Les derniers articles sont d'un brun plus pâle.

Pronotum plus de deux fois plus large que long, arrondi régulièrement sur les côtés, à bord antérieur moins large que le bord postérieur ; celui-ci est concave en arrière. Le dessus est couvert, excepté sur un intervalle médian longitudinal, de granulations hémisphériques, à peu près égales, écartées irrégulièrement et pas plus serrées sur les côtés que sur le disque, où elles sont légèrement déprimées. Angles antérieurs petits, angles postérieurs obtus, presque arrondis. Prosternum terminé, en arrière, par un bec à peine marqué.

Arrière-corps un peu plus large, en avant, que la base du pronotum, en ovale atténué postérieurement, déprimé en dessus et brusquement déclive en arrière. Il est couvert de granulations assez rapprochées, dans les deux intervalles internes, où elles paraissent former, par places, des séries transversales séparées par quelques rides obsolètes; cette disposition n'existe pas dans les deux intervalles externes, où les granulations sont plus écartées et plus petites ainsi qu'à la partie postérieure des élytres. Les granulations élytrales, comme celles du pronotum, portent en arrière un cil court, raide et couché, d'un jaune pâle et très caduque. Flancs avec une granulation très écartée en avant, plus rapprochée en arrière. Les côtes dorsales sont formées par une rangée linéaire de granulations plus fortes. La première ne commence qu'à une petite distance de la base. Les côtes dorsales tendent à se réunir en arrière, la première

---

(1) Cette description est faite sur un exemplaire typique obtenu par échange du Musée de Berlin, et sur trois individus provenant du pays des Somalis.

se terminant un peu plus tôt que la deuxième. Côte latérale mieux marquée, plus saillante et plus denticulée postérieurement. Côte marginale formée, dans toute son étendue, de denticules aigus, assez saillants.

Le mésosternum présente, dans l'individu typique que nous décrivons, une disposition très singulière, et qui est probablement anormale : il est formé de deux bourrelets très saillants, se réunissant anguleusement en avant, et laissant entre eux, er arrière, une surface anguleuse à sommet antérieur. De la réunion de ces deux bourrelets résulte une petite surface carrée présentant, en avant, une échancrure limitée de chaque côté par un tubercule volumineux, entre lesquels le bec postérieur du pronotum doit venir se placer dans les mouvements de flexion du thorax [1].

Le dessous de l'insecte présente, çà et là, des vestiges d'une pubescence fauve, couchée; la surface inférieure des segments abdominaux est presque lisse au milieu, parsemée peu densément sur les côtés de granulations inégales, entremêlées de points enfoncés, rares. Les trois premiers segments sont bordés en arrière d'une ligne de grosses granulations qui le font paraître comme crénelé. Les deux derniers, beaucoup plus lisses que les autres, ne le sont pas.

Tibias antérieurs peu élargis à l'extrémité ; le prolongement externe y est épais, peu aigu. Les tarses postérieurs et intermédiaires ont des articles épais peu divergents et presque glabres.

Patrie : Zanzibar.

Nous rapportons à cette espèce, à titre de variété, la *P. ceuchronota* Fairm. Elle diffère du type par la granulation beaucoup plus écartée des élytres; les côtes dorsales sont moins marquées en arrière, la première plus courte. Le mésosternum est conformé à peu près comme d'habitude ; il est échancré et faiblement bituberculeux en avant, comme le type, mais à un degré moindre. La granulation de l'abdomen est beaucoup plus serrée, mais les premiers segments sont rebordés de même en arrière.

Patrie : Pays des Somalis.

72. **P. senegalensis** Ol. Ent. iii. 59. p. 7. pl. 1. f. 7. — Sol. loc. cit. p. 131.

Diagnose Sol. — *Nigro-fusca, ovalis, supra depressa. Capite laxe punctato, ante abrupte coarctato. Prothorace retrorsum angustato, lateribus pubescente granulatoque. Elytris luteo aut griseo pubescentibus medio, ante glabris ; singula costis quatuor crenulatis, primis duabus ante obliteratis. Interstitiis tuberculis minutis sparsis.*

---

(1) Cette disposition toute particulière du mésosternum en bourrelets n'est pas indiquée par M. V. Harold. Nous croyons qu'elle est anormale. Celle qu'il décrit est la même que dans la var. *ceuchronota*.

DESCRIPTION : Long. 20-26 mill. ; larg. 12-14 mill. — D'un noir brun, couverte, excepté sur les parties saillantes, d'une pubescence serrée, d'un jaune grisâtre, ou grise.

Tête dénudée au milieu, presque lisse, avec quelques points disséminés, plus forts en avant ; sur les côtés, la pubescence jaunâtre est plus ou moins conservée. Labre assez grand, brillant, sinué en avant, concave, densément ponctué, plus grossièrement en avant, cilié de roux doré. Menton brun, brillant, fortement ponctué et échancré. Dépression interantennaire légère. Antennes grêles, allongées, atteignant les hanches intermédiaires, d'un brun rougeâtre ; articles 4 à 8 diminuant de longueur ; le 9ᵉ, allongé, un peu plus large à l'extrémité ; 10ᵉ, triangulaire, très obliquement tronqué à l'extrémité. Palpes d'un brun rougeâtre.

Pronotum plus de deux fois plus large que long, largement dénudé, lisse et pointillé peu visiblement au milieu, granuleux et pubescent latéralement. Bord antérieur fortement trisinué, avec les angles antérieurs aigus, saillants en avant. Bord postérieur presque en ligne droite avec les angles postérieurs obtus, le plus souvent, peu marqués. Il est plus étroit que le bord antérieur. Bords latéraux fortement arrondis en avant, rentrants en arrière, en ligne légèrement concave en dehors. La plus grande largeur du pronotum est au milieu de sa longueur. Prosternum large, arrondi et plus ou moins rebordé en arrière. Ecusson petit, brun, en T renversé.

Arrière-corps pas plus large, en avant, que la base du pronotum, en ovale plus ou moins élargi, déprimé en dessus, régulièrement déclive sur les côtés et peu brusquement en arrière ; il est couvert, excepté sur le milieu du dos, en avant, d'une pubescence jaunâtre ou d'un gris jaunâtre, et très courte, formée de petits poils épais. Suture non distinctement rebordée en avant, où elle est lisse, légèrement rebordée, élevée et subcrénelée en arrière. Première côte dorsale large, lisse et effacée en avant, crénelée en arrière. Deuxième dorsale formée en avant de tubercules allongés et écartés qui se confondent souvent avec la granulation des intervalles ; elle est ensuite crénelée et très raccourcie. Côte latérale renflée au milieu, crénelée ; elle se réunit, en avant et en arrière, à la côte marginale et est plus saillante que les autres. Côte marginale saillante, très superficiellement crénelée, et paraissant presque lisse, à l'œil nu. Intervalles couverts d'une granulation double, plus ou moins cachée par la pubescence, oblitérée dans le premier intervalle, en avant, beaucoup plus petite et simple vers l'extrémité de l'élytre. Flancs couverts, à l'état frais, d'une fine pubescence très serrée, mais habituellement dénudés, au moins en avant, et d'un rouge brun, brillant, assez clair. Ils sont lisses en avant, et présentent quelques petites granulations très espacées dans le reste de leur superficie. Le dessous de l'insecte est d'un brunâtre foncé ; l'abdomen, brillant, finement aluté, avec quelques granulations pilifères, très écartées et très petites, excepté sur le dernier segment, où elles sont plus fortes et rapprochées.

Tibias antérieurs terminés, en dehors, par une dent bien marquée, mais peu prolongée. Tibias intermédiaires plus profondément creusés sur le dos que les tibias postérieurs. Tarses d'un brun rougeâtre, triangulaires, mais étroits et allongés, hérissés de poils rouges.

Patrie : Sénégal. Sahara marocain (Martinez y Saez).

Cette espèce est répandue dans toutes les collections et paraît être commune dans le pays qu'elle habite.

73. **P. grandis** Klug. — Symb. phys. ii. n° 5. pl. 11. f. 5. — Sol. Ann. Fr. 1836. p. 133. pl. 4. f. 11.

    Syn. : *P. coriacea* (Dj. Cat. 3ᵉéd. p. 197); — *P. sudanica* Fairm. Ann. Fr. 1882. p. 66.

Diagnose et Description Klug. — *P. nigra, subpilosa, thorace elytrisque pimelis elevatis scabris; his quadrilineatis. Habitat Alexandriæ.*

Corpus magnum, ovatum, nigrum. griseo pilosum. Caput obsolete punctatum. Labrum impresso punctatum, apice truncatum. ferrugineo ciliatum. Antennæ nigro-piceæ, ferrugineo-subpilosæ. Thorax punctis elevatis scaber, marginatus, antice posticeque ferrugineo ciliatus lateribus cinereo-pubescens. Pectus abdomenque sparsim punctata, pube grisea holosericea. Elytra punctis elevatis scabra, sparsim pilosa, quadrilineata, lineis elevatis, obsolete serratis, secunda reliquis breviore, lateribus vix punctata. Pedes granulati, ferrugineo-hispidi.

Description : Long. 20 1/2 à 29 mill.; larg. 11 à 14 mill. — D'un noir souvent brunâtre, en ovale allongé, subparallèle.

Tête à ponctuation espacée, pilifère, plus ou moins forte, et manquant, parfois, presque complètement. Pubescence couchée, d'un flave doré, courte, et dont on retrouve au moins des vestiges dans les fossettes anteoculaires. Labre petit, tronqué en avant, où il est cilié de fauve doré, plus ou moins ponctué, souvent déprimé transversalement en dessus. Antennes atteignant, en arrière, les hanches intermédiaires, à articles allongés, assez longuement ciliés de fauve. Articles 4 à 9 diminuant progressivement; 8ᵉ et 9ᵉ subégaux; 10ᵉ plus court, mais encore plus long que large à l'extrémité. Menton peu profondément échancré, ponctué ou granulé.

Pronotum fortement transversal, régulièrement arrondi sur les côtés, fortement rebordé; angles antérieurs à peine saillants; angles postérieurs obtus, quelquefois presque nuls. Il est cilié de fauve en avant et en arrière et couvert d'une pubescence fine, dorée, courte, plus ou moins effacée sur les parties saillantes. De cette fine pubescence émergent des granulations plus petites et plus écartées sur le tiers moyen, au milieu duquel elles laissent, quelquefois seulement, un espace lisse, irrégulier. Le prosternum est, quelquefois, terminé en arrière par un bec court, rebordé, non tuberculeux. Ecusson transversal triangulaire, petit.

Elytres un peu plus larges à la base que la base du pronotum, subparallèles ♂, un peu plus élargies latéralement ♀. Suture rebordée légèrement, saillante. Première côte dorsale saillante, presque lisse en avant, crénelée densément en arrière ; deuxième dorsale commençant en avant par quelques granulations arrondies, séparées, qui se rapprochent bientôt pour former une côte saillante, crénelée, un peu plus courte que la première dorsale. Côtes latérale et marginale crénelées, saillantes. Intervalles des côtes creusés, scaphidiformes, parsemés de très petits granules noirs, entremêlés de quelques granulations plus fortes, quelquefois en séries irrégulières, au milieu des intervalles ; pubescence fine, dorée, couchée, plus ou moins conservée, surtout en arrière et dans les intervalles externes. Flancs couverts d'une granulation espacée, plus ou moins forte, et toujours plus marquée en arrière. — Tout le dessous de l'insecte est couvert d'une pubescence fine, dorée, assez épaisse. Abdomen granuleux.

Cuisses rugueuses. Tibias antérieurs terminés, en dehors, par une dent surajoutée, assez forte et dénudée. Tibias postérieurs longs, aplatis et moins profondément creusés que les tibias intermédiaires. Quatre tarses postérieurs à articles allongés, triangulaires, couverts densément de poils raides, d'un fauve ferrugineux.

Patrie : Egypte : Alexandrie. Soudan ; Abyssinie. Pays des Bogos. Haut-Sénégal (Lataste).

Solier a indiqué une variété A plus grande et à pronotum lisse au milieu ; il se pourrait que ce fût l'espèce suivante. Nous n'avons pas vu le type de la variété de Solier.

74. **P. Latastei** Sen. — Ann. Fr. 1884. Bull. p. x.

DIAGNOSE. — *Nigra, parum nitida, lata, ovata subparallela, crassa. Caput laxe minutis piliferisque granulis tectum, vertice sublævigato. Thorax longitudine duplo latior. medio disco late lævis. Elytra oblonga, subquadrata, postice et ad latera valde devexa, medio disco subdepressa. Costæ omnes graciles, retrorsum minute retro-dentatæ. Prima dorsalis ante lævigata, aliæ granulatæ. Interstitia minutissimis granulis irrorata, interjectis tuberculis majoribus seriatim longitudinaliterque instructis. Elytrorum latus, laxe, parvis notatum granulis. Abdomen tenuiter pubescens rugoso granulatum. Pedes validi; tibiæ anticæ valido acutoque*

*dente extus terminatæ. Tibiæ intermediæ profunde, posticæ leviter,
dorso canaliculatæ. Tarsi quatuor postici haud compressi, breve
pilosi.*

DESCRIPTION : Long. 23-28 mill. ; larg. 12 1/2-15 1/2 mill. — Peu
brillante ; l'arrière-corps en ovale allongé, épais, légèrement déprimé
sur le dos, fortement et brusquement déclive en arrière et sur les
côtés.

Tête marquée de quelques gros points irréguliers, en avant, presque lisse sur le vertex, avec de fines granulations pilifères. Labre
ponctué et finement rugueux, cilié de poils roux. Menton peu profondément échancré, avec quelques granulations pilifères. Antennes
longues, assez grêles, à articles cylindriques ; les trois derniers sont
d'un rougeâtre assez clair. à l'extrémité. Dernier article des palpes
allongé, rougeâtre.

Pronotum deux fois, environ, plus large que long. Bord antérieur
un peu trisinué ; angles antérieurs à peine saillants. Bord postérieur
un peu plus étroit que l'antérieur, droit ; angles postérieurs obtus,
légèrement arrondis ; côtés fortement arrondis en avant, sinués au-
dessus des angles postérieurs. Disque largement lisse, ou à granulations presque imperceptibles, oblitérées. Les côtés sont densément
et fortement granuleux. Le long des bords antérieur et postérieur
du pronotum, quelques granulations se rejoignent sur la ligne
médiane.

Elytres un peu plus larges, à la base, que la base du pronotum. De
là, elles s'arrondissent, pour devenir subparallèles, et s'atténuent
brusquement à l'extrémité, qui est un peu prolongée. Elles sont
couvertes de petits granules, plus rares dans le premier intervalle,
et entremêlés d'un certain nombre de granulations plus grosses,
quelquefois un peu oblitérées dans le premier intervalle, disposées
en séries longitudinales, multiples dans la première partie de l'élytre,
souvent uniques dans la deuxième moitié. Là, toutes les côtes sont
dentelées, pilifères : les deux dorsales se terminent par quelques
petites granulations espacées. La première côte dorsale est lisse,
suboblitérée en avant, où elle porte parfois une ou deux granulations
ou dentelures effacées, écartées ; elle se termine près de l'extrémité,
en se rapprochant de la côte latérale. La 2e dorsale, constituée, en
avant, par une rangée de granulations arrondies, un peu plus fortes
que celles des intervalles, avec lesquelles elles se confondent, se termine brusquement avant la première ; puis reparaît souvent, un peu
plus bas, par une série de granulations isolées. La côte latérale est
composée, en avant, de granulations arrondies ; elle est crénelée et
dentiforme postérieurement. Côte marginale médiocrement saillante
et finement crénelée dans toute son étendue. Flancs des élytres régulièrement parsemés de petites granulations, écartées.

Abdomen finement rugueux, couvert d'une pubescence fine, couchée et grisâtre, et de petits granules bien marqués.

Pattes relativement courtes, robustes. Tibias antérieurs terminés extérieurement par une dent saillante assez aiguë. Tibias intermédiaires assez fortement canaliculés. Tibias postérieurs presque plans, légèrement déprimés sur le dos. Quatre tarses postérieurs à articles brièvement et densément ciliés.

Patrie : Algérie : entre Biskra et Ouargla, d'où elle a été rapportée par M. Lataste, auquel nous sommes heureux de la dédier. Candtia ed Dhor. (Dr C. Martin). — Algérie mér. (M. Letourneux) : Mogador. (Coll. Lajoye.).

Cette espèce se place à côté de la *P. grandis* Klug. Elle en diffère par les antennes plus grêles, la forme plus massive, plus parallèle des élytres, qui sont plus larges à l'épaule, par la saillie beaucoup moindre des côtes élytrales ; la 2e dorsale se confond en avant avec les granulations des intervalles ; la suture, non ou à peine saillante, est à peine rebordée ; enfin le dos du pronotum, largement lisse sur le dos et plus large en arrière, etc., etc.

Serait-ce l'espèce considérée par Solier comme formant la var. A de la *P. grandis*, qu'il distingue seulement par le dos du pronotum lisse, et dont il n'indique pas la provenance? Quoi qu'il en soit, cette espèce est certainement très distincte de la *P. grandis*.

74. P. derasa Klug. — Symb. phys. ii. n° 7. pl. 11. f. 7.

DIAGNOSE et DESCRIPTION Kl. — *Nigra, thorace lateribus sparsim punctato, elytris lineis quatuor, externis, denticulatis, internis obsoletis. — Habitat Alexandriæ sub lapidibus.*

Statura præcedentis (P. spinulosæ). — Caput sparsim, antice, densius, punctatum. Labrum truncatum, ad marginem anticum punctatim, nigro ciliatum. Antennæ nigro pilosæ. Thorax lateribus punctis elevatis sparsis, dorso vix punctatus. Pectus abdomenque sparsim granulata, cinereo-pubescentia. Elytra dorso lævia, lateribus punctata, punctis rarissimis elevatis, quadrilineata, lineâ prima fere tota, secunda basi obsoleta, ad apicem denticulata, tertia quartaque elevatis denticulatis, Pedes granulati, nigro-subpilosi.

DESCRIPTION : Long. 26-30 mill.; larg. 13-15 mill. — D'un noir mat, allongée, subparallèle, épaisse, légèrement déprimée sur le milieu du dos, assez brusquement déclive en arrière.

Tête grande, ponctuée finement sur le vertex, plus fortement en avant; bourrelets antéoculaires, assez fortement relevés; labre large, peu ou point sinué en avant, où il est cilié de poils bruns, et ponctué assez grossièrement, presque lisse postérieurement. Menton large, arrondi, peu profondément échancré, à ponctuation superficielle. Antennes épaisses, atteignant, en arrière, le niveau des hanches intermédiaires, hispides, présentant, parfois, des poils longs en séries sur le bord interne du 4e et à l'extrémité du 3e article. Articles 4-9 diminuant progressivement de longueur; 9e article un peu plus large à l'extrémité, mais manifestement plus long que large; 10e transversal.

Pronotum cylindrique, fortement convexe, arrondi régulièrement sur les côtés, ayant sa plus grande largeur en arrière du milieu de sa longueur, un peu plus rétréci postérieurement; bord antérieur presque droit, assez fortement rebordé de chaque côté, avec les angles antérieurs un peu saillants en dehors. Angles postérieurs très obtus, presque nuls. Surface du pronotum presque lisse, très finement ponctuée ou granulée; sur les côtés du pronotum existe une granulation médiocrement forte et régulièrement espacée. Prosternum présentant, le plus souvent, en arrière, un petit tubercule peu aigu et qui manque, parfois, complètement. Ecusson en T renversé, lisse, à branche antérieure habituellement très courte.

Elytres un peu plus larges à la base que le pronotum, dont elles sont séparées par une sorte de bourrelet. Elles s'arrondissent régulièrement, sont assez brusquement déclives en arrière, et paraissent plus larges dans ce point. Suture aplatie en avant, légèrement saillante en arrière. 1re côte dorsale saillante, épaisse et lisse dans la plus grande partie de son trajet, terminée en arrière par quelques dentelures séparées; 2e dorsale formée de crénelures dentiformes séparées; elle se termine avant la 1re, à laquelle elle se réunit ou tend à se réunir. Côte latérale entière, denticulée; côte marginale à crénelures, également dentelées, et plus serrées, tendant à se réunir postérieurement à la côte latérale. La saillie des côtes rend les intervalles scaphidiformes, surtout en arrière. Le premier intervalle est presque entièrement lisse, les autres présentent quelques fines granulations subsérialement disposées longitudinalement. Flancs des élytres avec quelques points et quelques granulations obsolètes, presque lisses. Abdomen à granulation variable, plus ou moins serrée et peu saillante.

Pattes densément granuleuses. Tibias antérieurs à saillie externe terminale peu forte et dirigée plutôt en avant qu'en dehors. Les tibias postérieurs sont un peu plus élargis que les tibias intermédiaires, et ceux-ci sont habituellement plus profondément canaliculés Quatre tarses postérieurs à articles triangulaires, allongés.

Egypte : Alexandrie (Klug). — Syrie : Palestine. Beyrouth. Lac Asphaltite.

76. **P. ascendens** Woll. — Cat. Ins. Col. Canaries, p. 473.

Syn. : *Barbara* Brullé (erratim). Hist. nat. Can. Ins. p. 67. — (nec. Sol.)

DIAGNOSE Woll. — *P. subnitida; capite antice transversim sub-elevato et ibidem profunde punctato ; prothorace apice subsinuato, minutissime et parcissime punctato : utrinque tuberculis magnis obsito ; elytris oblongo-ovalibus, apice subacuminatis, grosse et dense subasperato-tuberculatis, in limbo leviter serratis, singulis costis tribus (præter lateralem) latis, obtusis sed valde distinctis (sublaterali tuberculato-subserrata, sed discali et subsuturali sim-plicibus, postice subito abbreviatis) instructis ; antennis tarsisque piceis.*

DESCRIPTION : Long. 18-22 1/2 mill. ; larg. 12-13 mill. — Peu brillante, en ovale allongé, atténuée antérieurement et surtout en arrière, déprimée en dessus.

Tête presque entièrement lisse, à peine ponctuée, avec un bour-relet interantennaire placé au devant d'une dépression transversale ; en avant de ce bourrelet existent quelques gros points. Labre ponc-tué en avant, presque lisse en arrière, sinué et cilié de fauve. Menton grossièrement ponctué, fortement échancré. Antennes atteignant, en arrière, les hanches intermédiaires, à articles allongés. Le 9e plus long que large à l'extrémité ; les derniers sont bruns, marginés de gris à l'extrémité.

Pronotum deux fois, environ, plus large que long ; bord antérieur subsinué et angles antérieurs peu saillants. Il est très lisse sur le dos, assez fortement et densément granulé latéralemeut. Son maxi-mum de largeur est en arrière du milieu de sa longueur ; ses bords latéraux sont assez fortement arrondis en avant, presque droits en arrière, et semblant, parfois, ressortir un peu vers les angles posté-rieurs. Ceux-ci sont obtus et bien marqués. Le prosternum est re-bordé en arrière, où il se termine, parfois, par une légère saillie tuberculeuse. Ecusson très court, habituellement large.

Arrière-corps de la largeur, à la base, de la base du pronotum, très atténué postérieurement. Il est couvert, assez densément, de granulations arrondies, de grosseur moyenne, plus petites en arrière, réunies, parfois, en petites séries transversales, et plus ou moins oblitérées, dans la partie antérieure du premier intervalle. Il existe quelques petits granules entre les granulations. Côte marginale cré-nelée, denticulée un peu plus fortement en avant. Côte latérale à crénelures oblongues, et épaisses au milieu, plus petites et plus élé-vées en arrière et en avant. La deuxième dorsale, lisse, épaisse et très large, commence et se termine par quelques crénelures bien séparées. La première dorsale, qui se dirige, en dehors, à son origine, est très large, très lisse, et se termine par une rangée de quelques crénelures

séparées. Flancs couverts de granulations écartées, un peu plus pé-
tites que celles du 4e intervalle. Dessous de l'abdomen très finement
granulé, avec des poils grisâtres, couchés, fins et caduques.

Tibias antérieurs terminés par une saillie du bord externe, plutôt
que par une véritable dent. Tibias intermédiaires assez largement et
profondément creusés sur leur face dorsale, qui est assez large,
aplatie et finement granulée dans les tibias postérieurs. Quatre tarses
postérieurs brunâtres, assez allongés, surtout le 1er article.

Patrie : Iles Canaries : Ténériffe. Jusqu'à 10,000 pieds d'élévation
et au-delà.

On ne saurait confondre cette espèce qu'avec la *P. radula*, à laquelle elle ressemble un peu. On la reconnaît cependant, facilement,
à la forme allongée, plus étroite et plus déprimée de l'arrière-corps,
à la structure toute différente des cotes, dont la 2e dorsale est lisse,
épaisse et large, etc., etc.

77. P. radula Sol. loc. cit. p. 136. — Woll. Cat. Ins. Col. Canaries.
p. 474. (Dj. Cat.)

DIAGNOSE Sol. — *Nigra, ovalis-oblonga. Capite sublævigato. Pro-*
thorace angusto, subcylindrico, lateribus tuberculato. Elytris
tuberculis postice acutis, parum prominulis ; singula costis qua-
tuor elevatis serratisque, dorsalibus duabus basi obliteratis. Tibiis
angustis, anticis extrorsum integris. Antennis subcrassis, articulis
elongatis.

DESCRIPTION : Long. 15-23 mill.; larg. 10-13 mill. — Peu brillante, en ovale allongé, atténuée postérieurement, médiocrement
convexe, à peine déprimée sur le milieu des élytres.

Tête presque lisse, finement et peu densément pointillée, excepté
sur le devant de la tête, où se voient quelques gros points séparés,
et parfois, des granulations oblongues, bien marquées, en avant des
yeux. Labre petit, granuleux, cilié de fauve, obsolètement sinué.
Menton profondément et anguleusement échancré, à sculpture variable. Antennes assez fortes, hispides, dépassant un peu la base du
pronotum; 9e article conique, plus long que large à l'extrémité;
10e petit, transversal ; les derniers articles sont bruns.

Pronotum deux fois, environ, aussi large que long, avec sa plus
grande largeur après le milieu de la longueur, légèrement sinué en
avant; angles antérieurs un peu plus marqués ♀. En arrière, il est
tronqué; les angles postérieurs obtus, bien marqués; bords latéraux
arrondis en avant, un peu rentrants, et presque droits en arrière.
Superficie lisse au milieu, avec des tubercules granuleux assez gros,
peu serrés latéralement. Ecusson très court, large.

Arrière-corps un peu plus large, en avant, que la base du pronotum. Suture rebordée, peu saillante, lisse en avant, crénelée en arrière. Première dorsale, lisse, oblitérée et large, ou à crénelures longues : elle est crénelée en arrière ; deuxième dorsale granuleuse, crénelée et raccourcie postérieurement ; latérale formée de crénelures séparées, puis rapprochées et dentiformes. Côte marginale fine, finement crénelée. Surface de l'élytre couverte de granulations de taille moyenne, très serrées, rarement bi ou trigéminées, plus petites en arrière et latéralement, plus ou moins oblitérées dans le premier intervalle. Dans le tiers moyen, surtout, se voient, parfois, des granules interposés. Flancs à granulations disséminées, plus rares en avant. Granulation de l'abdomen variable, avec des poils fins, couchés.

Pattes assez longues, grêles. Tibias antérieurs ayant une dent courte, souvent recourbée. Tibias intermédiaires assez profondément cannelés sur le dos. Celui-ci est légèrement creusé et granuleux, dans les tibias postérieurs. Tarses postérieurs allongés, brunâtres.

Patrie : Canaries : Ténériffe. Habite les régions peu élevées et jusqu'aux bords de la mer. (Woll.) Wollaston admet deux formes, suivant que les granulations sont plus ou moins saillantes.

78. P. costipennis Woll. — Cat. Ins. Col. Canaries. p. 476.

Diagnose Woll. — *P. subnitida ; capite antice profunde, postice minute et parce punctato, utrinque tuberculis magnis obsito ; elytris ovalibus, tuberculis parvis, subasperatis, granuliformibus (versus suturam minus distinctis) obsitis, in limbo leviter serratis, singulis costis tribus (præter lateralem) valde elevatis (sublaterali indistincte tuberculato-subserrata) instructis, interstitiis subconcavis ; antennis rufo piceis.*

V. A.—*Paulo minor, pedibus gracilioribus, rufo piceis*(Ins. Hierro).

V. B. — (*Validipes*) *Paulo major, pedibus robustioribus, piceis* (Ins. Gomera).

Description : Long. 17-22 mill. ; larg. 9 1/2-11 1/2 mill. — D'un noir bleuâtre, brillante, en ovale allongé, déprimée en dessus, atténuée en arrière.

Tête ponctuée grossièrement, en avant et dans les impressions anteoculaires, finement et très sparsément sur le front et le vertex. Impression interantennaire bien marquée ; il en existe souvent une autre sur le front. Labre presque tronqué, en avant, très finement ponctué. Menton rugueux, nettement échancré, en avant. Antennes médiocrement épaisses, longues, à 9e article notablement plus long que large à l'extrémité.

Pronotum un peu plus de deux fois plus large que long, largement lisse et imperceptiblement ponctué, au milieu, avec des granulations assez grandes, très aplaties, sur les côtés. Bord antérieur légèrement

concave, en avant, avec les angles antérieurs très peu saillants, et
seulement en dehors. Angles postérieurs obtus, légèrement indiqués,
Bords latéraux faiblement arrondis, surtout en arrière ; la plus grande,
largeur du pronotum est située en arrière du milieu de sa longueur.
Ecusson triangulaire.

Arrière-corps à peine plus large, en avant, que la base du pronotum, trisinué en avant, progressivement déclive en arrière. Bien que
la surface des élytres paraisse lisse, il existe de petits tubercules
effacés et disséminés, à peine appréciables vers l'extrémité. Ces tubercules deviennent un peu plus gros, en se rapprochant du bord latéral.
Ils n'existent pas dans le premier intervalle, et à peine dans le
deuxième. On voit, en outre, surtout sur les deux intervalles internes,
de légers plis transversaux, oblitérés. Les côtes dorsales, lisses et
élevées, présentent, à peine, quelques vestiges de crénelures très
écartées. Côte latérale élevée et presque lisse, mais formée de crénelures superficielles réunies, plus courtes. Côte marginale fine, assez
saillante, à crénelures serrées, dentiformes. Flancs présentant des
granulations fines, assez saillantes, très écartées. En raison de la
saillie des côtes, les intervalles sont concaves, scaphidiformes. Dessous de l'abdomen très finement rugueux et densément pointillé.

Pattes couvertes de granulations complètement aplaties. Dent des
tibias antérieurs courte, un peu recourbée. Quatre tibias postérieurs
assez larges sur leur face dorsale, ceux de la 2ᵉ paire de pattes sont
plus profondément creusés. Tarses postérieurs allongés, triangulaires,
étroits.

Patrie : Iles Canaries : Hierro, Gomera.

79. **P. lævigata** Brullé. — Ins. I. Canaries (Webb et Berthelot). p. 67.
pl. 1. f. 12. — Woll. Cat. Can. p. 477.

DIAGNOSE Woll. — *Præcedenti (costipennis) similis, sed nitidior
(sæpius late nitida), elytrorum tuberculis obsoletis (versus apicem
nec non in spatio laterali solum observandis et etiam ibidem minutissimis, granuliformibus) nec non costis ante subcvanescenti-
bus et etiam postice paulo minus elevatis. Antennis pedibusque
lætius rufo piceis.*
Var. *Elytris leviter transversim malleatis.*

DESCRIPTION : Long. 15-22 mill. ; larg. 10-12 mill. — Assez brillante, en ovale allongé, légèrement déprimée en dessus.

Tête finement pointillée çà et là, avec quelques gros points le long
du bord antérieur. Fossettes anteoculaires assez profondes, transversales, un peu plus densément pointillées que le reste de la tête,
et réunies, parfois, par un sillon interantennaire. Labre petit, rou-

geâtre, à ponctuation serrée, diminuant de grosseur d'avant en arrière, cilié de fauve doré. Mentòn ponctué, ou rugueux, faiblement échancré. Antennes dépassant, en arrière, la base du pronotum, à articles cylindro-coniques, allongés ; 9e article sensiblement de même longueur que le 8e, un peu plus large à l'extrémité. Elles sont, partout, d'un brun rougeâtre clair, ainsi que les palpes.

Pronotum deux fois plus large que long, légèrement concave en avant ; angles antérieurs nuls, ou presque nuls. Bord postérieur tronqué droit, à peine plus large que l'antérieur ; angles postérieurs obtus. Bords latéraux faiblement arrondis, ressortant tout près de la base, ce qui contribue à rendre les angles postérieurs plus marqués. La plus grande largeur du pronotum est en arrière du milieu de sa longueur. Disque très largement lisse, avec les vestiges d'un sillon longitudinal médian et deux dépressions transversales, obsolètes, l'une au milieu, l'autre en arrière ; elles manquent rarement, mais sont souvent réduites à des fovéoles latérales. Côtés du pronotum couverts, tout à fait en dehors, de granulations assez grandes, mais complètement aplaties. Prosternum bordé de poils jaunâtres, en arrière, chez les individus frais. Ecusson en T renversé, relativement assez épais.

Arrière-corps un peu plus large à la base que la base du pronotum, assez fortement trisinué, en avant, ce qui rend les épaules saillantes, en avant. Côtes dorsales fines, lisses, ou à crénelures allongées, effacées et placées sur une élévation sensible de l'élytre. Côte latérale plus large, plus saillante, distinctement crénelée. Côte marginale saillante, plus épaisse, en avant, où elle est formée de petites granulations allongées et agglomérées ; elle devient simple et crénelée en arrière. Intervalles légèrement concaves, lisses, avec quelques granules très fins, qu'on ne rencontre, le plus souvent, que dans le 4e intervalle, et vers l'extrémité de l'élytre. Il reste, parfois, vers la suture, des vestiges de plis godronnés, transversaux. Flancs presque lisses, en avant, et présentant de petits granules triangulaires, très écartés, un peu plus forts que ceux du 4e intervalle. Abdomen brillant, en dessous, tantôt avec de petites granulations pilifères, plus ou moins écartées, tantôt couvert d'une granulation fine et très serrée, entremêlée de points.

Pattes d'un brun rougeâtre clair. Dent des tibias antérieurs courte, un peu recourbée. Tibias intermédiaires et postérieurs assez largement creusés sur leur face dorsale. Tarses à articles triangulaires, allongés.

Patrie : Iles Canaries : Ténériffe, Palma.

80. **P. sparsa.** — Brullé. Ins. Can. p. 67. — Woll. Cat. Ins. Can. p. 475.
— *P. Fritschi* Heyd. Jahrb. Sckbg. Naturf. Ges. 1874-1875. p. 141.

Var. *serrimargo* Woll. Ib. p. 477. — *verrucosa* Brullé. l. c. p. 67.

DIAGNOSE (1). — *Elongato-ovata, nigra, nitida. Caput nitidum ante vix punctatum. Antennæ sat graciles articulo nono latitudine longiore. Thorax vix duplo latitudine longior, antrorsum paulum capitis latitudinem superans. Elytra læviuscula, costis externis duabus valde serratis, internis autem lævibus, angustis. In interstitiis mediis parvæ obsoletæ subseriatimque instructæ granulationes. Pedes longi, graciles. Tarsi quatuor postici triangulares.*

DESCRIPTION : Long. 19-20 mill.; larg. 10 1/2 mill. — Brillante, presque lisse, en ovale allongé.

Tête à peine plus étroite que le pronotum, en avant, lisse, avec quelques points le long du bord antérieur. Sillon interantennaire distinct, front déprimé. Labre petit, arrondi, ponctué, surtout en avant. Menton finement rebordé, ponctué, à échancrure profonde, très étroite. Antennes grêles, atteignant les hanches intermédiaires, à articles coniques, allongés ; le 9e plus long que large, médiocrement élargi à l'extrémité, qui est grise, ainsi que le 10e et le 11e ; celui-ci est assez long, acuminé.

Pronotum subcylindrique, deux fois, environ, plus large que long. Bords antérieur et postérieur faiblement trisinués, avec les angles antérieurs à peine saillants, et seulement en dehors ; angles postérieurs obtus. Bords latéraux légèrement arrondis jusqu'à la moitié, puis presque droits et rentrants. Le bord postérieur, plus large que l'antérieur. Tiers latéraux de la superficie avec des granulations écartées, assez fortes, irrégulièrement placées, et se prolongeant, dans l'un des deux exemplaires, presque jusqu'au milieu, le long du bord postérieur ; chez ce même individu, seulement, le bord postérieur s'avance un peu, et anguleusement, au devant de l'écusson. Celui-ci est petit, avec sa branche transversale légèrement arrondie en arrière.

Arrière-corps un peu plus large à la base que la base du pronotum. Il est en ovale allongé, un peu plus brusquement rétréci en arrière, déprimé en dessus, brusquement déclive postérieurement. Suture finement rebordée, à peine saillante. Elytres presque droites à la base. Première côte dorsale fine, très peu saillante, effacée en avant, indiquée, tout à fait en arrière, par quelques tubercules isolés ; deuxième côte dorsale formée, en avant, de quelques tuber-

---

(1) Brullé n'ayant pas donné de diagnose latine, nous comblons ici cette lacune. Notre diagnose et la description sont faites sur les deux exemplaires typiques conservés au Museum national, les seuls, à notre connaissance, qui existent dans les collections de Paris, où la var. *serrimargo* est commune.

cules séparés, ou réunis par une fine saillie linéaire. Elle est plus saillante dans la 2e moitié, avec des tubercules allongés, écartés, beaucoup plus forts que pour la première côte. Les tubercules terminaux des deux côtes dorsales tendent à se réunir en arrière. Côte latérale, presqu'entière, formée de tubercules triangulaires, dressés, aigus, surtout en arrière. Côte marginale constituée par une série de dents séparées, très aiguës, plus fortes en avant. Premier intervalle lisse, marqué, en arrière, d'une rangée médiane de petits tubercules, ou de pustules assez grosses, à peine indiquées. Au milieu du 2e intervalle, sont disséminés, sans ordre, quelques petits tubercules, qui disparaissent presque dans la première moitié de l'élytre. Il en est de même dans le 3e intervalle; le 4e est presque lisse, avec quelques granules, à peine visibles, disposés à peu près linéairement au milieu. Flancs avec quelques fines granulations très disséminées. Abdomen très brillant, densément granulé.

Pattes longues. Tibias antérieurs peu élargis à l'extrémité, qui est très brièvement dentée en dehors. Tibias postérieurs et intermédiaires grêles; les premiers, aplatis; les derniers, légèrement creusés sur leur face dorsale. Quatre tarses postérieurs allongés.

Patrie : Iles Canaries. Il est regrettable que Brullé n'ait pas signalé la localité exacte de cette espèce.

Var. *serrimargo* Woll. Nous n'hésitons pas à réunir à la *P. sparsa* Brullé la *Pimelia serrimargo* Woll. On ne trouve, pour distinguer cette dernière, que sa taille plus petite (15 à 16 mill.), la brièveté proportionnelle du pronotum, qui paraît plus large, et les grosses pustules, sérialement disposées, principalement dans le 2e intervalle.

De ces différences, la première, qui porte sur la taille, n'est nullement sérieuse; il y a, dans d'autres espèces, des variations de taille bien autrement remarquables. Quant à la présence des grosses pustules aplaties, sur le 2e intervalle principalement, rien ne dit qu'on ne trouvera pas des individus de la *P. sparsa* dont la sculpture soit identique. De plus, il y a des exemplaires de la *serrimargo* où ces pustules manquent à peu près complètement, et dont les élytres ont alors une sculpture presque identique avec celle de la *P. sparsa*. Reste donc la brièveté proportionnelle du pronotum, et lorsqu'on a étudié le genre *Pimelia*, il faut reconnaître que ce caractère distinctif a une faible valeur.

La *P. sparsa* n'a aucun rapport avec la *P. radula*, dont Wollaston l'a, dubitativement, rapprochée, après un examen qu'il déclare lui-même avoir été extrêmement superficiel.

Patrie : Grande-Canarie : Lanzarote.

La description de la *P. Fritschii* Heyd., que nous n'avons pas vue en nature, ne laisse pas de doutes sur son identité avec la *P. sparsa* Br. Sa provenance est la même.

81. **P. orientalis** Sén. Ann. Fr. 1886. Bull. p. xiv. (Reiche. in coll.)

DIAGNOSE. — *Nigra, ovalis, dorso subdepressa. Capite laxe granulato, postice lævi, antrorsum vix punctato, Antennarum articulo nono vix latitudine longiore. Thorace medio lævi minutissime punctulato, latera versus sat dense granulato. Elytris nitidis, laxe tuberculatis, granulis minimis rugisque transversalibus intersertis ; costis dorsalibus lateralique postice valde denticulato-serratis, antrorsum granulatis ; costa marginali confertim crenulata. Elytrorum lateris minute granulosis. Abdomine laxe granulato. Tibiis anterioribus extus acuto brevique dente terminatis. Tarsis quatuor posticis haud compressis, triangularibus.*

DESCRIPTION : Long. 17-18 mill. ; larg. 9 1/2-10 mill. — Brillante sur les élytres, mate sur le disque du pronotum, en ovale assez large, très régulier, et médiocrement déprimée sur le milieu du dos des élytres.

Tête aplatie, avec quelques granulations setigères disséminées, plus confluentes près des yeux, et quelques points obsolètes vers le bord antérieur. Labre assez fortement sinué en avant, où il est cilié, présentant des granulations relativement très fortes, réunies transversalement au milieu, ou placées le long des bords latéraux. Menton granuleux, nettement et peu profondément échancré en avant. Antennes longues, médiocrement épaisses, hispides, à articles cylindriques assez épais ; le 9ᵉ est conique, aussi large à l'extrémité que long. Les derniers articles, d'un gris fauve à l'extrémité. Palpes maxillaires noirs, à dernier article subuliforme.

Pronotum convexe, cylindrique, moins de deux fois plus large que long, très lisse, mat, avec une ponctuation écartée, presque imperceptible, dans son tiers médian, en dessus, densément et assez fortement granulé sur les côtés, jusqu'au niveau du bord interne des yeux, où les granulations cessent assez brusquement, excepté en avant, où elles s'avancent vers la ligne médiane. Bord antérieur très faiblement trisinué, avec les angles antérieurs aigus, saillants, en avant. Bord postérieur un peu plus large que l'antérieur, coupé presque en ligne droite, s'avançant, quelquefois, très légèrement, au devant de l'écusson ; angles postérieurs obtus, peu marqués, précédés par une très faible sinuosité du bord latéral ; celui-ci est régulièrement arrondi en dehors, un peu plus fortement en avant. Ecusson petit, en triangle allongé d'avant en arrière.

Arrière-corps à peine plus large, en avant, que le bord postérieur du pronotum. Suture à peine saillante, lisse, excepté en arrière, où elle est finement denticulée. Côtes dorsales et latérale formées, en avant, de granulations séparées, mais avant le milieu elles deviennent saillantes et formées de tubercules dentiformes assez rapprochés. La 2ᵉ dorsale se termine isolément avant la 1ʳᵉ, qui se termine en arrière, en tendant à se réunir à la latérale. Côte marginale formée de crénelures serrées, légèrement denticulées en arrière. Intervalles présentant des granulations peu nombreuses, fortes, irrégulièrement disposées, excepté en arrière, où elles forment (quelquefois seulement) une série longitudinale unique et régulière. Ces granulations sont entourées de petits granules disséminés et d'inégalités ou rides transversales. Sur un des individus que nous décrivons, la 1re côte dorsale est effacée en avant, et la sculpture du 1er intervalle est, en partie, oblitérée, Les flancs, couverts, peu densément, de petites granulations, de deux grosseurs différentes, avec quelques séries transversales, obsolètes. Abdomen finement alutacé, assez densément couvert de petits granules arrondis ; l'avant-dernier article est beaucoup plus lisse, peu granulé.

Tibias antérieurs terminés, en dehors, par une apophyse dentiforme assez marquée. Le dos des quatre tibias postérieurs est fortement granulé, creusé peu profondément dans les pattes postérieures. Tarses non comprimés, à articles allongés.

Patrie : Syrie. Quatre individus de la collection Reiche, avec le nom inédit que nous lui conservons.

82. **P. Mittrei** Sol. loc. cit. p. 134.

DIAGNOSE Sol. — *Brevi-ovalis, nigra, pube grisea an rufescente supra tecta. Capite prothoraceque medio dilute tuberculatis. Elytris tuberculis obtusis, satis magnis, singulaque costis quatuor: marginali ante subintegra, laterati longe et dorsalibus duabus abbreviatis posticeque tuberculatis. Antennis parum crassis, articulo nono crasso, sed elongato. Tibiis anticis triangularibus, angustis, extrorsum acute denticulatis.*

DESCRIPTION : Long. 13 1/2 - 19 mill. ; larg. 9-12 mill. — Peu brillante, en ovale plus ou moins allongé, avec l'arrière-corps quelquefois suborbiculaire.

Tête couverte de petites granulations pilifères, plus petites et plus rares en avant ; là elle est finement rebordée, souvent presque lisse en dessus. Dépression interantennaire peu marquée, parfois nulle. Labre petit, couvert habituellement de points d'où s'échappe un cil assez long et noirâtre ; il est subsinué et bordé de cils fauves. Menton fortement échancré en avant, plus ou moins densément ponctué. Antennes assez grêles, dépassant, en arrière, la base du pronotum, hispides, à articles allongés, cylindro-coniques. Les 3 derniers articles d'un brun plus ou moins foncé ; 9e plus long que large à l'extrémité. Palpes maxillaires rougeâtres.

Pronotum deux fois, environ, plus large que long, faiblement trisinué en avant, où il est frangé de cils jaunâtres, courts, avec les angles antérieurs peu saillants. Il est arrondi sur les côtés, et sa plus grande largeur est placée en arrière du milieu de sa longueur. Son bord postérieur, vu d'en haut, paraît être un peu plus large que le bord antérieur, bien qu'il soit, en réalité, plus étroit. Angles postérieurs obtus, précédés d'une légère sinuosité du bord latéral. Bord postérieur faiblement trisinué. Toute la superficie du pronotum, en dessus, est couverte de granulations espacées assez irrégulièrement, plus fortes que celles de la tête, plus petites et moins saillantes sur le milieu du disque que sur les côtés; dans ce dernier point, elles sont entourées d'une fine pubescence, couchée, d'un jaune doré. Prosternum terminé, en arrière, par un bec plus ou moins prononcé, et dont le rebord présente rarement une légère saillie tuberculeuse. Ecusson petit, en triangle isocèle.

Arrière-corps non ou à peine plus large, en avant, que la base du pronotum, en ovale plus ou moins élargi, quelquefois assez court. Elytres légèrement aplaties sur le dos, en avant, progressivement déclives en arrière; elles sont couvertes de granulations saillantes, irrégulièrement espacées, arrondies ou légèrement triangulaires, mais toujours un peu allongées longitudinalement, d'autant plus petites et plus écartées qu'on les examine plus en arrière. Dans l'intervalle de cette granulation, se voient quelques granules plus ou moins nombreux, et chez les individus frais, une pubescence fauve dorée analogue à celle des côtés du pronotum. Côte marginale fine, saillante, à crénelures serrées en avant, dentiformes en arrière. Côte latérale entière, formée en avant de granulations allongées et séparées, et postérieurement de petites dents triangulaires. Côtes dorsales distinctes en arrière, où elles se réunissent parfois; elles sont formées de crénelures séparées. Dans la première moitié de l'élytre, les granulations des côtes dorsales se réunissent par groupes irréguliers, avec les granulations des intervalles, et les côtes ne se distinguent que difficilement. Suture lisse en avant, bordée postérieurement d'une rangée de tubercules allongés. Flancs parsemés de granulations fines, très écartées, et de deux grandeurs différentes. Abdomen plus ou moins pointillé en dessous, avec de petites granulations espacées, le plus souvent, d'où s'échappe un petit cil noir.

Tibias antérieurs terminés, extérieurement, par une dent plus ou moins prolongée, et paraissant surajoutée. Tarses antérieurs bruns, quelquefois rougeâtres. Tibias intermédiaires étroits, profondément canaliculés sur le dos; les tibias postérieurs le sont moins; ils sont couverts de granulations très évidentes. Quatre tarses postérieurs noirâtres, étroits, allongés, hispides.

Patrie : Syrie : Jaffa, Tripoli, Beyrouth; Grèce (Solier); Egypte ?? (Dupont). — Types de Solier : coll. de Marseul.

Cette espèce ne paraît pas être rare. Elle est souvent couverte, en partie, d'un enduit terreux d'un rouge jaunâtre, indépendant de la pubescence fine, d'un fauve doré, qui est assez caduque. La granulation du pronotum ne permet de la confondre avec aucune autre espèce voisine.

83. **P. semi-opaca** Sén. Ann. Fr. 1884. Bull. p. 24.

DIAGNOSE. — *Nigra, ovata, convexa. Caput opacum, fere læve. Antennæ elongatæ. Pronotum latum, latera versus subrotundatum, supra sublæve, opacum, minutissime medio punctulatum, lateraliter parcissime granulatum. Elytra ovata, postice attenuata, convexa, nitida, confertim omnino granulata. Costa prima dorsalis crenata, dorsalis secunda tuberculis triangularibus formata, ante minus elevata. Lateralis costa itidem formata, tuberculis acutis triangularibus valde prominentibus. Costa marginalis acute spinosa, tuberculis spinosis piliferis, disjunctis. Interstitia dense inæqualiterque granulata, granulis majoribus, in tribus interstitiis externis, seriatim longitudinaliterque instructis. Abdomen crebre rugatimque granulosum. Tibiæ anticæ triangulares, dente valido extus terminatæ. Intermediæ dorso canaliculatæ, posteriores deplanatæ. Tarsi quatuor postici elongati, graciles, haud compressi, breviter, latera versus, ciliati.*

DESCRIPTION : Long. 15 à 19 1/2 mill.; larg. 7-11 1/2 mill. — Mate, à arrière-corps en ovoïde, atténué postérieurement, assez brillant.

Tête mate, presque lisse, avec quelques points imperceptibles au milieu, plus forts et très écartés antérieurement. Çà et là sont disséminées quelques petites granulations sétigères. Sillon interantennaire plus ou moins marqué, rarement effacé. Labre étroit, brunâtre, brillant, ponctué plus fortement en avant, et cilié de poils d'un flave doré. Menton échancré plus ou moins profondément, parsemé de gros points taillés à l'emporte-pièce. Antennes peu épaisses, atteignant et dépassant même un peu le niveau des hanches intermédiaires; articles allongés, coniques, hispides ; les trois derniers sont de couleur brunâtre, parfois assez claire, 9e article conique, 10e court, cupuliforme.

Pronotum plus de deux fois moins long que large ; il l'est à peu près également en avant et en arrière. Bords antérieur et postérieur frangés de poils d'un jaune blanchâtre. Le bord antérieur est, en général, fortement trisinué, avec ses angles antérieurs paraissant assez fortement projetés en avant et en dehors. Angles postérieurs arrondis, presque nuls. Les bords latéraux sont peu fortement arrondis, et le sommet de leur courbe est généralement placé un peu en arrière du milieu de la longueur. Le dessus du pronotum est mat, lisse, imperceptiblement marqué de petits points très écartés, avec quelques petites granulations sur les côtés.

Bord antérieur des élytres un peu plus large, en avant, que la base du pronotum, rebordé, et parfois, assez fortement, sinué de chaque côté. Les élytres s'arrondissent régulièrement sur les côtés pour former, ensemble, un ovale régulier chez le ♂, un peu plus raccourci ♀, et toujours assez fortement atténué en arrière. L'arrière-corps contraste, par sa surface brillante, avec la tête et le pronotum qui sont mats. Première côte dorsale saillante dans toute son étendue, forte, crénelée, se terminant en arrière en se réunissant à la côte latérale et à la côte marginale. La 2e côte dorsale moins marquée, en avant, est formée, ainsi que la côte latérale, par des tubercules triangulaires élevés et aigus; elle se termine, isolément, avant les autres. Ces trois côtes sont saillantes, surtout en arrière. La côte marginale est formée de tubercules épineux, allongés, et écartés, et rendus plus aigus encore, en apparence, par le poil raide qui les surmonte. Les intervalles des côtes sont couverts de granulations saillantes, de grosseur inégale, plus ou moins réunis transversalement et souvent entremêlés de petits granules disséminés. Dans les trois intervalles externes, les granulations les plus fortes sont réunies en séries longitudinales, au milieu de l'intervalle. Flancs assez densément recouverts de granulations petites, inégales. Abdomen rugueusement et très densément granulé.

Tibias antérieurs médiocrement élargis; dent terminale externe étroite et très saillante. Tibias intermédiaires, étroitement, canaliculés sur leur face dorsale. Tibias postérieurs à face dorsale déprimée, non cannelée. Quatre tarses postérieurs grêles, à articles allongés.

Patrie : Algérie : Sud Oranais, Kreider.

Cette espèce a été rapportée d'abord par M. Munier, chirurgien militaire. MM. Bédel et Martin l'ont prise de nouveau dans la même localité.

La *P. semi-opaca*, qui paraît être peu commune, vit isolément dans les terrains sablonneux et les dunes. Elle se nourrit d'une plante basse, indéterminée, dont l'extrémité présente une saveur sucrée assez prononcée.

Types : Collections Bedel, Sédillot, Sénac.

84. **P. comata** Kl. Symb. phys. II. n° 4. pl. 14. fig. 4. — Sol. Ann. Fr. 1836. p. 128. (Dj. Cat. 3e éd. p. 197.) — Syn. *ornata* Mill. Wien. ent. Mon. 1861. p. 179. pl. 6. f. 16.

DIAGNOSE Sol. — *Nigra, obscura, oblongo-ovalis, laxe hispida. Capite supra, prothoraceque subcylindrico, lateribus tenue granulatis. Elytris granulis parvis, tectis, ante prope suturam sublævigatis, singulo costis quatuor vix prominulis, tuberculatis; prima dimidio antice obliterata lævigataque.*

DESCRIPTION : Long. 11-17 mill.; larg. 6-8 mill. — Mate, souvent maculée de matières terreuses, en ovale allongé, subparallèle.

Tête granulée plus ou moins densément, mais ces granulations sont toujours moins abondantes en avant et sur le vertex. Labre ponctué, assez fortement, concave transversalement, cilié de jaune doré, peu ou point sinué. Menton épais au milieu, assez grossièrement ponctué, à échancrure antérieure large, bien marquée. Antennes hispides, dépassant, en arrière, le bord postérieur du pronotum, à articles subquadrangulaires, épais; le 9e article, triangulaire, à peine un peu plus long qu'il n'est large à l'extrémité. Palpes bruns.

Pronotum deux fois, environ, plus large que long; bord antérieur légèrement trisinué, avec ses angles antérieurs un peu saillants en avant, et nullement en dehors; bord postérieur paraissant plus large, coupé droit; bords latéraux faiblement convexes, un peu plus arrondis en avant qu'en arrière. Tiers latéraux de la surface supérieure du pronotum assez densément couverts de granulations, entre lesquelles se voit une fine pubescence jaunâtre, couchée. Le milieu du pronotum, mat, paraît lisse, mais il présente, tantôt quelques points enfoncés, tantôt quelques granulations très petites. Le prosternum est assez profondément creusé en arrière. Ecusson en T renversé, à branche transversale assez longue et saillante, à branche antérieure très courte.

Arrière-corps de la largeur du pronotum, à la base; il s'élargit en ovale allongé, atténué postérieurement; il est assez épais, déprimé en dessus, très brusquement déclive en arrière. La 1re côte dorsale est élargie en avant, formée, dans sa 2e moitié, de granulations écartées. Les 2e dorsale et latérale sont formées de granulations plus écartées en avant et plus saillantes dans leur moitié postérieure. La terminaison de la 2e dorsale est variable; tantôt elle reste isolée, tantôt elle se réunit à la côte latérale et, plus souvent, à la 1re dorsale. Elle est rarement très raccourcie; tout au moins elle continue à être indiquée par des granulations écartées. La côte marginale est formée, dans toute son étendue, de granulations petites et rapprochées. Suture peu élevée, largement lisse. Les intervalles sont parsemés de granulations plus petites et effacées, en partie, dans la première moitié du 1er intervalle. Elles sont entremêlées de granulations plus grosses, disposées, quelquefois, en rangées longitudinales régulières, surtout en arrière et dans le 4e intervalle. Enfin, la superficie des élytres est hérissée, assez densément, de poils fauves, dressés, longs. Abdomen couvert de granulations moyennes, inégalement semées sur un fond mat, subrugueux.

Pattes robustes, assez courtes. Tibias antérieurs terminés par un prolongement peu marqué en dehors plutôt que par une véritable dent. Tibias postérieurs assez larges, aplatis sur le dos, plutôt que creusés. Tibias intermédiaires plus profondément cannelés. Tarses bruns, à articles triangulaires, allongés, hispides.

Patrie : Egypte : Alexandrie, Ramle, etc., etc. C. Elle vit sous

les pierres on dans la boue, avec la *P. canescens*, à laquelle elle
ressemble au premier abord. La structure différente des antennes,
la présence de poils dressés sur les élytres, et l'existence d'une granulation double, suffisent amplement pour les distinguer.

85. P. canescens Klug. Symb. phys. II. n° 3. pl. 11. fig. 3.

Syn. : *P. depilata* Sol. loc. cit. p. 129.

DIAGNOSE Sol. — *Nigra, obscura. oblongo ovalis, glabra. Protho-*
race vix cylindrico, lateribus laxe granulato, griseoque pubes-
cente. Elytris granulis minoribus medio ad basim obliteratis
tectis. Singula tectis quatuor, vix prominalis, tuberculati; prima
dimidio antice lævigata; secunda abbreviata. Antennis labro,
palpis, tarsisque rufescentibus.

DESCRIPTION : Long. 12-19 mill.; larg. 6 1/2 - 8 1/2 mill. — Peu
brillante, légèrement convexe, glabre avec l'arrière-corps, ovalaire,
légèrement élargi au milieu et atténué postérieurement.

Tête finement granulée, presque lisse au milieu. Labre d'un brun
souvent rougeâtre, avec le bord assez relevé, noir, ponctué; il est
légèrement sinué et cilié de fauve doré. Menton brun, en général
plus foncé que le labre, assez densément ponctué. Antennes atteignant presque les hanches intermédiaires, assez grêles, à articles
cylindro-coniques, allongés, bruns; le 9e article, renflé à l'extrémité,
y est encore notablement moins large qu'il n'est long. Palpes d'un
brun clair.

Pronotum convexe, très finement ponctué sur le dos, avec ses côtés
granulés et couverts d'une pubescence grise, assez serrée; bord antérieur trisinué, avec ses angles antérieurs avancés, aigus. Côtés
médiocrement arrondis; la plus grande largeur du pronotum est
située, habituellement, en arrière, du milieu de sa longueur; bord
postérieur presque droit; angles postérieurs très arrondis. Écusson
linéaire, transversal, saillant, placé sur la ligne formée par la base
des élytres, qu'il déborde à peine en arrière; il précède immédiatement une légère fossette qui termine, en avant, la suture élytrale.

Arrière-corps aussi large, à la base, que la base du pronotum.
Elytres couvertes, à peu près également, de petites granulations, un
peu plus grosses et oblitérées dans le 1er intervalle, en avant. Côte
marginale crénelée dans toute son étendue, mais si finement, qu'elle
paraît lisse; côte latérale commençant à une petite distance de la
base, granulée en avant, crénelée, et un peu plus saillante en arrière
que les autres côtés; elle se termine, isolément, près de l'extrémité;
la 2e côte dorsale est formée, dans toute son étendue, de petites granulations, arrondies, séparées, qui se confondent presque avec les
granulations des intervalles dans le premier tiers de l'élytre; elle

est fortement raccourcie en arrière. 1re côte dorsale formée de granulations effacées, allongées, peu saillantes ; elle est granulée en arrière, où elle se termine avant la côte latérale ; les granulations du 4e intervalle sont surmontées, chez les individus frais, par un petit poil grisâtre, couché. Celles des flancs sont très petites, écartées. Abdomen couvert d'une pubescence grisâtre, couchée, et de granulations serrées, assez saillantes, placées sur un fond finement alutacé.

Pattes longues, grêles, pubescentes. Tibias antérieurs médiocrement élargis, terminés par une dent courte, assez aiguë. Tibias postérieurs et intermédiaires assez étroits, peu profondément creusés sur leur face dorsale. Tarses bruns, hispides, à articles allongés.

Patrie : Egypte : Alexandrie.

Cette espèce vit sous les pierres, en compagnie de la *P. comata* Kl.

86. P. Barthelemyi Sol. loc. cit. p. 350.

DIAGNOSE Sol. — *Nigra, curta, ovalis, cinereo-pubescens, granulis minutis, numerosis sed laxis, hispidisque tecta. Elytris dorso haud costatis ; costa marginali serie tuberculorum parvorum formata. Antennis gracilibus, nigris, apice rufescentibus, articulo nono conico, elongato. Tarsis posticis articulo primo trigono.*

DESCRIPTION : Long. 14-22 mill. ; larg. 8-11 1/2 mill. — En ovale élargi postérieurement, couverte d'une fine pubescence grisâtre partout, finement granulée.

Tête finement et peu densément granulée, avec une fine pubescence couchée, d'un gris jaunâtre, plus ou moins conservée ; de chaque granulation part un petit cil noirâtre, dirigé en avant. Son bord antérieur est, parfois, crénelé ou finement caréné. Labre brunâtre, rugueusement ponctué en avant, cilié de fauve doré. Menton rugueusement et finement ponctué, peu profondément échancré. Antennes hispides, atteignant, en arrière, les hanches intermédiaires, à articles allongés, très coniques ; le 9e article est notablement plus long que large à l'extrémité ; 10e court ; 11e petit, acuminé. Les derniers articles plus ou moins rougeâtres, ainsi que les palpes.

Pronotum transversal, cylindrique, diminuant de largeur d'arrière en avant. Angles antérieurs aigus, un peu saillants ; angles postérieurs obtus, assez marqués chez les individus de grande taille (♀ ?) chez lesquels il existe une petite encoche du bord latéral précédant les angles postérieurs. Tout le dessus du pronotum est couvert d'une pubescence couchée, d'un gris jaunâtre brillant, excepté sur le milieu du disque, où cette pubescence est enlevée. Il est couvert, partout, de petites granulations noires, assez écartées, surtout sur le milieu, où l'on voit les vestiges d'une fine carène longitudinale médiane, obsolète, souvent limitée à la moitié antérieure du pronotum. Ecusson linéaire, transversal, petit, assez saillant.

Arrière-corps de même largeur, en avant, que la base du pronotum, en ovale élargi postérieurement, ayant sa largeur maximum aux 3/4 de sa longueur. Elles sont couvertes d'une fine pubescence grisâtre, couchée, et d'une granulation fine, écartée, dans toute leur étendue. De ces granulations partent des poils longs, noirâtres et dressés, conservés surtout sur les côtés et en arrière. Côtes dorsales et latérale nulles, ou à peine indiquées (et surtout en arrière), par une série de fines granulations. Côte marginale très distincte, constituée par des granulations plus fortes, et rapprochées. Flancs granulés, comme le dessus, mais plus finement encore. Dessous de l'abdomen finement granulé, parfois alutacé, et marqué de petits points enfoncés entre les granulations.

Pattes longues, grêles, extrèmement villeuses. Tibias antérieurs peu élargis, avec une dent terminale externe sur-ajoutée, cylindrique; dos des tibias intermédiaires peu profondément cannelés; il est simplement aplati dans les tibias postérieurs. Quatre tarses postérieurs à articles densément hérissés de poils raides.

Patrie : Egypte : Mokattan, Suez (Letourneux). Un exemplaire de ma collection est indiqué de Syrie.

87. **P. Damasci** Sén. Ann. Fr. 1880. p. 265 et Bull. p. xi. viii.

DIAGNOSE. — *Nigra. Caput pronotumque subnitida, granulis parvis rotundatis nitidisque, sat dense, sed irregulariter, obtecta. Thorace medio linea lævis et longitudinalis, thoracis latera versus pilis argenteis nonnullis recumbentibus. Elytra subhæmispherica, opacissime nigra, raris et vix conspicuis granulis sparsim, inter costas, irrorata. Costæ dorsales lateralisque e tuberculis paulo majoribus valdeque distantibus formatæ; marginalis costa densius denticulata, postice spinosa. Elytra pilis longis, griseo-nigris, erectis, e granulis margentibus, obsolete vestita. Scutellum parvum transversale. Pedes nigro-pilosi. Tarsorum posticorum articulis quatuor triangularibus, dense nigro-hispidis.*

DESCRIPTION : Long. 14-16 mill.; larg. 10-11 mill. — Courte, à arrière-corps subhémisphérique et à côtés parallèles, d'un noir intense, très mat sur les élytres, légèrement brillant sur la tête et le pronotum.

Tête couverte de petites granulations assez également réparties; en dedans des yeux existent parfois les vestiges d'une pubescence formée de petits poils jaunes, couchés et dirigés en avant. Bord antérieur cilié de poils noirâtres. Labre petit, brunâtre, marginé de points, quelquefois confluents, de manière à former des rides; presque lisse au milieu, dans sa partie postérieure. Antennes dépassant en arrière, assez notablement, la base du pronotum, médiocrement épaisses, à articles 4-8 obconiques, le 9e plus épais ; le 10e plus petit ainsi que le 11e. Les derniers articles ont une teinte brune assez prononcée, et sont hérissés de quelques poils dressés, indépendamment du revêtement de poils courts qui recouvre toute l'antenne. Menton d'un brun noirâtre, ponctué, à échancrure médiane étroite, mais bien prononcée.

Pronotum deux fois plus large que long, frangé en avant et en arrière d'une pubescence courte et serrée d'un jaune blanc. Il est arrondi latéralement, et son maximum de largeur est au delà de la moitié de sa longueur ; bords antérieur et postérieur sensiblement égaux. Angles antérieurs aigus et proéminents ; angles postérieurs obtus, plus marqués. Le dessus du pronotum est parsemé de granulations arrondies, un peu plus fortes latéralement et inégalement distribuées ; au milieu du disque se trouve un espace étroit, longitudinal, lisse ; en arrière, quelques vestiges d'une carène médiane. Il existe sur l'espace lisse et entre les granulations du milieu du disque quelques granules très petits, à peine visibles, et réunis par groupes. Entre les granulations, on voit, en arrière et latéralement, quelques poils couchés, d'un blanc argenté brillant. Ecusson petit, impressionné transversalement.

Elytres hémisphériques, mais un peu parallèles sur les côtés et déprimées sur le dos, d'un noir profond, mat. Côtes dorsales formées par des séries de 12 à 15 petites épines, dressées et espacées ; la 2e dorsale, raccourcie en arrière. Côte latérale constituée de même ; les épines y sont un peu plus rapprochées. Côte marginale densément denticulée, épineuse en arrière. Dans les intervalles, quelques fines granulations semblent être disposées en séries longitudinales. Les granulations et les denticules portent un poil, dressé, d'un gris noirâtre. Flancs parsemés de quelques granulations minuscules. Dessous de l'abdomen finement granulé et ponctué, avec des poils jaunes, couchés, peu serrés.

Tibias antérieurs ayant une dent terminale externe bien marquée, paraissant sur-ajoutée. Tibias intermédiaires très hispides, assez profondément canaliculés sur le dos, qui est aplati seulement dans les tibias postérieurs, moins hispides. Quatre tarses postérieurs à articles allongés, triangulaires, densément hérissés de poils noirâtres, courts.

Patrie : Syrie : Damas. — Types : coll. du Museum national (*P. spinigera* Cat.); la mienne.

Cette espèce se reconnaît à la forme subhémisphérique parallèle sur les côtés et courte de l'arrière-corps, à sa couleur noire, mate, dépolie, qui est toute particulière. On ne peut la confondre avec aucune autre.

88. P. lutaria Brullé. Webb. et Berthelot (Col.) 68. pl. i. f. 11. — Woll. Cat. Ins. Can. p. 471.

Syn. : *P. lusaria* Brull. loc. cit. (erratim). — *canariensis* Hartung. (nec. Br.) Geol. Verhalt. Lanzarota et Fuert. pp. 140, 141.

DIAGNOSE Woll. — *P. subopaca (subtilissime alutacea), pilis plus minusve elongatis, erectis, præsertim versus latera, parce obsita et pube parva cinerea demissa, hinc inde (sed præcipue in limbo et postice) vestita; capite prothoraceque parce punctatis (punctis in illo parvis, in hoc minutissimis), hoc lato, postice truncato, ad latera subæqualiter rotundato, utrinque tuberculis magnis asperato; elytris ovalibus vel oblongo-ovalibus. basi subemarginatis (vix bisinuatis), leviter transversim rugulosis, parce et acute asperato-tuberculatis, in limbo grosse serratis, costis tribus (præter lateratem) indistinctis, antice evanescentibus. singulis instructis; tibiis in facie superiore breviter cinereo-pubescentibus.*

DESCRIPTION : Long. 17-20 mill.; larg. 12-13 1/2 mill. — D'un noir peu intense, presque mat, en ovale large, régulier, parallèle, assez convexe, pubescent en arrière et latéralement.

Tête convexe, finement et peu densément ponctuée, avec quelques gros points vers le bord antérieur. Fossettes antéoculaires pubescentes. Labre cilié de jaune doré, couvert, en dessus, d'une ponctuation diminuant de grosseur d'avant en arrière. Menton finement rebordé, convexe, ponctué, peu profondément échancré. Antennes courtes, dépassant à peine, en arrière, le bord postérieur du pronotum, à articles cylindro-coniques, 9e article de la longueur du 7e, élargi à l'extrémité, mais distinctement plus long que large, 10e transversal; les trois derniers sont brunâtres ainsi que les palpes.

Pronotum court, très large, régulièrement arrondi sur les côtés, subcylindrique, à peine plus large en arrière qu'en avant. Bords antérieur et postérieur droits, avec les angles antérieurs presque nuls, angles postérieurs obtus; dos du pronotum avec quelques points en avant; au milieu, deux dépressions transversales (l'une en avant, l'autre en arrière), et un sillon longitudinal, médian, obsolète. Côtés du dos marqués de fortes granulations hémisphériques, denses et entremêlées, tout-à-fait latéralement, d'une fine pubescence serrée, d'un jaune grisâtre. Prosternum large, rebordé, ayant au milieu une saillie oblongue sillonnée, dont les deux bords se terminent, en arrière, par une saillie tuberculeuse. Ecusson large, très court, dont la branche antérieure est couverte par la frange de poils jaunâtres qui borde, en arrière, le pronotum. Celui-ci est un peu prolongé anguleusement au devant de l'écusson.

Arrière-corps plus large, en avant, que la base du pronotum. Les épaules s'arrondissent rapidement, puis les côtés deviennent presque subparallèles, pour s'atténuer, assez brusquement, en arrière. Suture lisse, non distinctement rebordée, non saillante. Les deux côtes dorsales sont peu appréciables, formées par une saillie linéaire effacée, portant des crénelures un peu plus rapprochées pour la deuxième que pour la première ; elles sont un peu plus saillantes en arrière. La côte latérale, mieux marquée, est formée de petits tubercules triangulaires, plus écartés en avant. La côte marginale très saillante, dans le premier sixième de l'élytre, y est formée par une agglomération de petites granulations ; puis la côte se continue par une série de petits denticules pilifères. La superficie de l'élytre est couverte de rides transversales, très effacées, sur lesquelles sont placés de petits tubercules triangulaires d'autant plus forts qu'on les examine plus près du bord latéral ; ils manquent presque complètement dans le premier intervalle. En arrière existe, au milieu de chaque intervalle, une courte série longitudinale de très petits tubercules simulant une côte supplémentaire. Les élytres, dans leur cinquième postérieur et sur les côtés, sont couvertes d'une pubescence couchée d'un gris jaunâtre pâle. Il existe, en outre, sur la superficie de l'élytre, des poils fins, dressés, très caduques. Flancs des élytres présentant des petits tubercules disséminés, rares. Abdomen brillant, en dessous, avec une ponctuation et une granulation assez écartée. La partie antérieure des deux derniers segments est lisse.

Pattes couvertes de granulations hémisphériques. Tibias antérieurs terminés, en dehors, par une dent courte, peu aiguë. Quatre tibias postérieurs présentant, sur leur face dorsale, une pubescence épaisse d'un gris jaunâtre très pâle. Les tibias intermédiaires y sont un peu plus fortement creusés. Quatre tarses postérieurs triangulaires, étroits, médiocrement allongés.

Patrie : Iles Canaries : Lanzarote, Fuerteventura. — Ile Graciosa.

Cette espèce est facilement reconnaissable à sa forme courte, ramassée, à peine plus large pour les élytres que pour le pronotum. La pubescence de la partie postérieure des élytres et de leurs parties latérales, celle de la face dorsale des tibias intermédiaires et postérieurs, la forme du prosternum (si elle est constante), sont des caractères qui ne permettent guère de la confondre avec les autres *Pimelia*.

89. **P. canariensis** Br. Ins. Canaries (Webb et Berthelot). p. 67. — Woll. Cat. Can. Col. p. 472.

DIAGNOSE (1). — *Ovata, nigro-brunnea, subnitida, pilis luteis recumbentibus vestita. Capite, ante grosse punctato, fere lævi.*

---

(1) Il n'y a de diagnose latine, ni dans le travail de Brullé, ni dans celui de Wollaston, pour cette espèce.

*Antennarum articulis elongatis ; nono latitudine valde longiore.
Elytris medio subdepressis, parce, omnino, granulis parvis tectis ;
costa dorsali prima lævi, postice crenulata ; secunda dorsali lateralique granulatis, marginali paulum prominente, crenulata ; late
ribus minutissime sparsim granulatis. Abdomine minute granulato. Tibiis anticis dente haud prolongato, extus, terminatis ;
quatuor tibiis posticis, in dorso, tomentosis, canaliculatis. Tarsis
quatuor ultimis elongatis, triangularibus.*

DESCRIPTION : D'un noir brunâtre peu brillant, en ovale plus
élargi ♀, couverte partout de poils jaunes, couchés, enlevés plus ou
moins, par le frottement, sur les parties saillantes.

Tête finement et peu densément ponctuée sur le front et le vertex,
assez fortement au voisinage du bord antérieur ; le bourrelet ante-
oculaire étant fortement relevé, la fossette placée en arrière est
profonde et la pubescence y est conservée. Labre fortement et densément ponctué, cilié de fauve brunâtre. Menton peu ponctué, à
échancrure antérieure nette et profonde. Antennes assez longues,
à articles allongés, coniques, partout garnies de poils fauves assez
longs ; 9ᵉ article notablement plus long que large à l'extrémité.
Palpes bruns, à dernier article plus clair.

Pronotum deux fois, environ, plus large que long, assez régulièrement arrondi sur les côtés. Bord antérieur légèrement trisinué, avec
les angles antérieurs à peine saillants. Bord postérieur plus large
que l'antérieur, angles postérieurs obtus. Superficie du pronotum
largement lisse au milieu, où il est dénudé ; il est couvert, sur les
côtés, d'nne pubescence jaune, couchée, dont émergent des granulations peu serrées, irrégulièrement écartées, et assez petites. Prosternum à peine prolongé en arrière, mais non complètement réfléchi
en haut. Ecusson très court, transversal et assez large.

Arrière-corps un peu plus large, à la base, que la base du pronotum (surtout ♀), coupé droit en avant, avec les épaules saillantes,
mais nullement avancées ; de là, les élytres s'arrondissent régulièrement et plus fortement (♀). Elles sont couvertes, jusqu'au voisinage de la suture, d'une fine pubescence jaune, couchée, épaisse sur
les parties latérales et en arrière, où elles sont brusquement
déclives. Suture à peine relevée en avant, où elle est lisse et peu
largement bordée ; en arrière, elle est très étroite, un peu crénelée et faiblement saillante ; 1ʳᵉ côte dorsale lisse dans la plus
grande partie de son parcours, crénelée en arrière ; 2ᵉ dorsale raccourcie en arrière, granulée, ainsi que la côte latérale, qui atteint
presque l'extrémité. Côte marginale finement crénelée, assez saillante (surtout en arrière), et présentant une série de petits poils,
dressés, caduques. Superficie des élytres couverte, partout, de granulations écartées, très fines en arrière. Les flancs sont encore plus

discrètement granulés que le dessus, et couverts de la même pubescence. Abdomen à granulation variable, toujours fine et irrégulière, mais plus forte (♀) au niveau des derniers segments.

Pattes médiocrement longues, peu robustes. Tibias antérieurs terminés par une petite dent externe. Ils sont peu fortement élargis. Quatre tibias postérieurs finement et densément pubescents sur le dos, qui est un peu plus profondément canaliculé pour les pattes intermédiaires. Quatre tarses postérieurs à articles allongés.

La description que nous venons de donner a été faite sur deux exemplaires de la collection de M. de Marseul et sur les exemplaires typiques de Brullé (Museum national), au nombre de deux.

Patrie : Canaries. Sommet du Pic de Ténériffe.

Cette espèce n'a pas été prise par Wollaston. Elle est très rare dans les collections de Paris : les insectes qui y portent son nom étant souvent des *Pimelia sparsa* Brullé, var. *serrimargo* Woll., avec laquelle elle n'a aucun rapport; l'espèce à laquelle elle ressemble le plus est la *lutaria* Br. La description qui précède ne permet aucune confusion entre ces deux espèces.

90. **P. hirtella** n. sp. — Syn. *puberula* Kl. in litt. (*sec*. Kraatz.)

DIAGNOSE. — *Nigropicea, elongata, ovalis, crassa, modice convexa, subnitidaque. Capite fere lævi, ante oculos et latera versus rufo pubescente. Antennarum articulis elongatis. Thorace subcylindrico postice latiore, convexo, ubique, sed in disco minutius, parce granulato, ad latera pube recumbente parce vestito. Elytris ovatis, crassis, in medio dorso vix deplanatis, ubique pilis fulvis erectis, sat dense, hirtis ; postice lateraliterque parvis, griseo-luteis, recumbentibusque pilis parce vestitis. Costis quatuor granulatis, retro prominentioribus ; dorsalibus duo ante subevanescentibus. Interstitiis granulatis, minoribus interjectis granulis. Abdomine griseo-pubescente, minute granulato, et minutissime punctulato. Tibiis anterioribus haud latis. Tarsis quatuor ultimis hispidis, triangularibus.*

DESCRIPTION (1) : Long. 18-19 mill.; larg. 10 mill. — Cette espèce, d'un brun noirâtre, est en ovale allongé, régulier; à l'arrière-corps, convexe, est à peine déprimé sur le milieu du dos.

Tête avec quelques petites granulations très écartées; bord antérieur légèrement relevé en un étroit bourrelet; fossettes anteantennaires et côtés de la tête garnis de poils fauves. Labre petit, marqué d'une ponctuation assez grossière en avant, où il est cilié de fauve

---

(1) Description et diagnose faites sur un individu de ma collection. (ex coll. Reiche.)

doré. Menton petit, granulé, échancré assez profondément. Antennes grêles ; 9e article notablement plus long que large, à l'extrémité.

Pronotum subcylindrique, convexe, deux fois au moins plus large que long, légèrement arrondi sur les côtés et s'élargissant, d'avant en arrière, où il se rétrécit à peine. Il est couvert de granulations, partout, assez écartées, mais un peu plus petites et plus rares au milieu du dos et, surtout, dans un espace longitudinal assez étroit. Côtés couverts de petits poils jaunâtres, couchés. Prosternum terminé par un bec rebordé, très peu prononcé. Ecusson très petit, en T renversé.

Arrière-corps de la largeur du pronotum, à la base, s'arrondissant en un ovoïde épais, très régulier, convexe, et à peine déprimé sur le milieu du dos. Vu de profil, l'arrière-corps est régulièrement voûté à partir de sa base. Il est couvert, dans toute son étendue, de poils longs, fins, dressés, assez rapprochés, et d'un fauve pâle. La superficie des élytres porte une granulation médiocrement confluente, et composée de granules de deux grosseurs différentes ; les intervalles externes et la partie postérieure de l'élytre sont couverts de petits poils, couchés, d'une coloration fauve pâle. Les flancs sont parsemés de très petites granulations, très écartées. Les deux côtes dorsales obsolètes, en avant, où elles se confondent presque avec la granulation des intervalles, sont composées, dans le reste de leur étendue, de granulations d'autant plus serrées et saillantes, qu'on les observe plus en arrière. Elles se terminent isolément, la 2e avant la 1re. La côte latérale, entière, est formée de granulations assez serrées. Côte marginale assez saillante, crénelée dans toute son étendue. L'abdomen, couvert en dessous d'une pubescence grisâtre assez serrée, est finement et peu densément granulé, avec de petits points serrés et indistincts entre les granulations.

Tibias antérieurs peu élargis à l'extrémité. Tibias intermédiaires et postérieurs peu profondément cannelés sur leur face dorsale, hispides. Tarses bruns, à articles allongés, triangulaires, hispides.

Patrie : Egypte. — Type : Ma collection.

Nous avons vu, dans diverses collections où elle portait le nom de *comata*, trois ou quatre individus de cette espèce, qui ne ressemble en rien à la *P. comata* véritable. M. Kraatz, auquel nous l'avons communiquée, croit pouvoir l'identifier avec la *P. puberula* (Kl. in. lit. — nec Chevr.)

91. P. Bottæ n. sp. (Catal. Mus. national.)
     Var. *carinosa* (Id.)

DIAGNOSE. — *Ovalis, elongata, convexa. Capite granulato. Antennis elongatis, hispidis, articulo nono vix latitudine longiore. Pro-*

thorace transverso, lateribus grossius, medio parce minuteque granulato. Elytris ante granulatis, postice lævibus ; marginali costa prominente, sublaminata; aliis ante granulatis, retro-serratis prominentibus; lateribus haud granulatis. Pedibus hispidis ; tarsis quatuor posterioribus triangularibus, valde hirsutis.

DESCRIPTION : Long. 15-16 mill. ; larg. 8 mill. — Peu brillante, en ovale allongé, atténué postérieurement, convexe en dessus.

Tête granulée assez également. Labre brunâtre, peu densément granulé, presque lisse au milieu. Menton fortement, mais peu densément, ponctué, échancré étroitement et profondément. Antennes atteignant les hanches intermédiaires, à articles cylindro-coniques, fortement hispides; le 9ᵉ article un peu plus long que large à l'extrémité ; les derniers articles sont rougeâtres. Palpes d'un brun rouge très clair à l'extrémité.

Pronotum un peu plus de deux fois plus large que long, trisinué en avant et en arrière. Angles antérieurs avancés, plus ou moins acuminés; angles postérieurs très obtus, précédés par une petite sinuosité des bords latéraux. Ceux-ci sont largement arrondis. La plus grande largeur du pronotum est située un peu en avant du bord postérieur, qui est plus large que le bord antérieur. La superficie est fortement mais peu densément granulée sur les parties latérales; le tiers médian a une granulation plus fine et plus écartée, entremêlée de points. Ecusson losangique assez fort, transversal.

Arrière-corps de même largeur à la base, que la base du pronotum. Les deux tiers antérieurs des élytres sont couverts, régulièrement, de granulations écartées, très petites, assez régulièrement disposées et d'autant plus fortes qu'on les examine plus près de la base; le tiers postérieur des élytres est lisse, avec quelques grains à peine perceptibles, rangés en séries linéaires, obsolètes, sur le milieu des intervalles; 1ʳᵉ côte dorsale formée de petites granulations écartées, en avant, rapprochées, en arrière, et plus saillantes, ce qui lui donne un aspect crénelé. Elle se termine, isolément, en arrière, avant l'extrémité ; 2ᵉ dorsale constituée de même, plus raccourcie postérieurement, très saillante dans le dernier tiers de son trajet. Côte latérale crénelée postérieurement, plus prolongée, en arrière, que la 1ʳᵉ dorsale. Elle est très saillante, presque carénée, à partir du milieu de l'élytre. Côte marginale lisse, laminée, saillante, se terminant, en arrière, avant la côte latérale. Flancs lisses, avec quelques granules disséminés en arrière. Dessous de l'abdomen alutacé, couvert de granulations médiocrement écartées.

Pattes très hispides. Les tibias antérieurs, médiocrement élargis, sont terminés, extérieurement, par un prolongement acuminé. Tibias intermédiaires distinctement creusés en gouttière sur leur face dorsale, qui est aplatie dans les tibias postérieurs. Quatre tarses postérieurs, à articles triangulaires, longs, couverts densément de cils raides.

Patrie : Arabie : Djeddah.

Cinq exemplaires envoyés, par M. Botta, au Museum national de Paris.

Var. A. (*carinosa*). — Sous ce nom existent, au Museum de Paris, deux exemplaires d'un insecte de même provenance. L'un d'eux est presque identique avec la *P. Bottæ*, l'autre s'en distingue par une saillie plus forte des tubercules élytraux et des côtes. La côte marginale est crénelée, au lieu de paraître lisse, et laminée, mais elle se distingue, surtout, par les poils fauves, fins et dressés, dont l'arrière-corps est hérissé. Il y a, entre ces deux formes, la même différence qu'on retrouve entre la *P. interstitialis* typique et sa variété provenant du Kreider. Il serait possible, à la rigueur, que cette variété dût constituer une espèce distincte, mais nous le pensons pas.

92. P. Marseuli n. sp.

DIAGNOSE. — *Nigra, nitidissima, elongata, ovata, postice latior; dorso subdepressa, lateribus ♂ subparalella. Caput leviter punctatum, latera versus parcius granulatum. Antennæ thoracis basin superantes, articulis subconicis, nono latudine longiore. Thorax; valde transversus, postice latior, medio levissime punctatus, ad latera sparsim granulatus. Elytra rugis transversis, obliteratis prædita, postice evanescentibus, tuberculis nonnullis seriatim, in interstitiis, medio, instructis. Costæ dorsales ante obliteratæ postice prominulæ, crenatæ. Costa lateralis crenulata, ante abbreviata, retro prominens, subcarinata. Marginalis costa tenuissime crenulata, sublaminata. Prosternum postice submucronatum. Abdomen subtus, sparsim, leviter granulatum. Pedes longi. Tibiæ anticæ sat angustæ, dente externa brevi. Tibiæ posticæ haud incrassatæ, dorso subcanaliculatæ. Tibiæ intermediæ valde dorso defossæ Quatuor tarsorum posteriorum articulis triangularibus, hispidis.*

DESCRIPTION : Long. 16-18 mill,; larg. 8 1/2-10 mill. — D'un noir intense, très brillant, en ovale allongé, légèrement élargi postérieurement.

Tête finement ponctuée, à peine granulée sur les côtés. Les points du bord antérieur sont à peine plus gros que ceux du front. Sur celui-ci existe souvent une dépression transversale, plus ou moins prolongée. Labre petit, carré, ponctué assez fortement; des points, s'échappe un cil noirâtre, dirigé en avant; labre habituellement cilié longuement, en avant, de brun noirâtre. Menton à granulation écartée, sétigère, rarement remplacée par des points enfoncés; il est assez fortement échancré. Antennes dépassant, en arrière, la base du pronotum, à articles cylindro-coniques, assez épais; 9e plus long que large à l'extrémité. Palpes noirs.

Pronotum subcylindrique, en trapèze, à base postérieure, avec sa plus grande largeur un peu en avant des angles postérieurs. Ceux-ci sont obtus. Angles antérieurs un peu saillants en avant. Côtés du

pronotum légèrement arrondis, allant en s'écartant l'un de l'autre
du bord antérieur, à la base. Surface médiane largement lisse, brillante, avec quelques points à peine perceptibles. Côtés du pronotum
peu fortement, peu densément, et assez irrégulièrement, granulés.
Prosternum terminé, en arrière, par un bec, auquel s'ajoute, parfois,
une légère saillie tuberculeuse. Ecusson assez épais, transversal, le
plus souvent très court.

Arrière-corps à peine plus large, à la base, que la base du pronotum,
en ovale allongé, plus brusquement rétréci en arrière, ce qui, joint à
la déclivité brusque de la partie postérieure du dos, le fait paraître
un peu élargi et un peu carré en arrière. Il est convexe, subdéprimé
sur le milieu du dos, très abruptement déclive latéralement et en
arrière. Côte marginale finement crénelée, ce qui la fait paraître
presque lisse, et en carène peu saillante. Côte latérale commençant à
une certaine distance de la base, crénelée ou subtuberculeuse, en
avant, crénelée, souvent presque lisse, et carénée, saillante en arrière, où elle est saillante et plus prolongée que les autres. Côtes
dorsales effacées, peu distinctes, ou composées de tubercules écartés
en avant, saillantes, tuberculeuses ou crénelées en arrière. La 1re
se termine, isolément, un peu après la 2e. Les deux intervalles
internes sont marqués de bourrelets tuberculeux oblitérés, transversaux ; au milieu de ce bourrelet est placé un tubercule, qui fait
partie d'une série longitudinale linéaire. Cette disposition existe à
à l'extrémité du 1er intervalle et dans le 2e tout entier. Il en est de
même dans le 3e intervalle, mais les bourrelets sont beaucoup plus
effacés. Dans le 4e intervalle, les tubercules ne forment plus guère
qu'une rangée de granulations écartées, et les bourrelets transversaux disparaissent, souvent, tout à fait. Flancs lisses, avec quelques
granulations, très rares, tout à fait en arrière. Dessous de l'abdomen
à granulation fine, écartée, souvent beaucoup plus dense sur le dernier segment.

Pattes longues, assez grêles. Tibias antérieurs peu élargis à l'extrémité, avec une dent terminale externe, courte. Tibias postérieurs,
de largeur ordinaire, à peine creusés sur la face dorsale, souvent
légèrement incurvés en dedans. Les tibias intermédiaires sont plus
profondément canaliculés. Quatre tarses postérieurs, allongés, à articles triangulaires, hispides.

Patrie : Arabie : Province de Hedjaz. — Cette espèce aurait été
prise sur une montagne, près de La Mecque. C'est certainement un
insecte habitant les lieux élevés, si l'on en juge d'après son brillant
et l'oblitération partielle de sa sculpture.

Types : collection de M. de Marseul ; la mienne ; (6 exempl.).

Nous sommes heureux de dédier cette espèce au savant entomologiste, qui a mis à notre disposition les types de Solier, qu'il possède
en très grande partie.

93. P. akbesiana Fairm. Ann. Fr. 1884. p. 170.

DIAGNOSE Fairm. — *Brevissime ovata, convexa, nigra, nitida, capite tenuiter ac laxe asperulo, antice et ad latera, densius ac fortius, inter antennas transversim impresso; antennis sat brevibus, crassiusculis, apicem versus paulo crassioribus, articulo 3° tribus sequentibus conjunctis æquali, 9° 10°que latioribus, 10° breviore; prothorace brevi, longitudine plus duplo latiore, antice vix angustiore, lateribus rotundatis, fortiter ac dense granulatis, disco late lævi, margine postice late sinuato; elytris globosis, tuberculis grossis, modice convexis, dense obsitis, utrinque vage triseriatis, intervallis minus nitidis, hinc inde granulis minutissimis sparsutis, parte reflexa tuberculis minoribus dense obsita; sublus cum pedibus, asperulo-granulosa, prosterno medio subtiliter dense punctulato, inter coxas subtiliter granulato, ad latera parce asperato; tibiis anticis apicem versus leviter latioribus, apice extus valde angulatis, margine externo subtiliter crenulato.*

DESCRIPTION (1) : Long. 16-17 1/2 mill.; larg. 10-11 mill. — Brillante, en ovale court, convexe vue de profil ♀, subdéprimée sur le dos des élytres ♂.

Tête lisse, très finement ponctuée, avec quelques gros points rugueux, en avant, et quelques granulations entremêlées aux points, sur les côtés et sur le front. Dépression interantennaire marquée et une fossette obsolète sur le front. Labre petit, subsinué, avec deux dépressions latérales, séparées par une légère saillie longitudinale médiane; il est finement ponctué. Menton ponctué, rebordé, assez profondément échancré. Antennes robustes, à articles cylindriques, épais; le 8e est aussi large que long; le 9e, plus large à l'extrémité que long; le 10° article est brun, transversal et court. Elles atteignent à peine la base du pronotum, en arrière.

Pronotum au moins deux fois aussi large que long, faiblement trisinué, en arrière et en avant, très convexe dans les deux sens, assez fortement arrondi sur les côtés, avec son maximum de largeur en arrière du milieu de sa longueur. Angles antérieurs très peu marqués; angles postérieurs obtus, parfois bien indiqués par une légère concavité du bord latéral. Milieu du disque très lisse, brillant, avec une dépression médiane trasnversale, réduite, parfois, à deux fovéoles latérales. Côtés avec des granulations assez fortes, déprimées, bien écartées. Prostérnum terminé en bec, rebordé et prolongé, en arrière. Ecusson petit, triangulaire.

Arrière-corps convexe, en ovale, court, arrondi; il est couvert de gros tubercules triangulaires, déprimés, très rapprochés, souvent réunis latéralement; dans l'intervalle de ces tubercules, se voient,

(1) Description faite sur *les* deux exemplaires typiques communiqués par M. Fairmaire, qui a bien voulu nous en abandonner un.

çà et là, quelques rares granules. Les deux côtes dorsales sont faiblement indiquées, dans les trois quarts antérieurs de l'élytre, par de gros tubercules, très allongés, se réunissant, parfois, pour former une sorte de côte épaisse et presque lisse. La côte latérale se devine à peine, elle est formée par des tubercules allongés, qui se confondent avec ceux du 4ᵉ intervalle, pour former une espèce de large bourrelet, qui se confond avec le flanc de l'élytre, et qui n'en est séparé que par une rangée, parfois très indistincte, de petits tubercules, irrégulièrement placés, appréciable, surtout en arrière, et qui représente la côte marginale. Le flanc, lui-même, est recouvert de tubercules triangulaires, assez rapprochés et assez forts, mais qui n'atteignent pas le tiers du volume des tubercules pustuleux du dessus de l'élytre. Dessous de l'abdomen très densément granuleux et ponctué, avec les dernier et avant-dernier segments lisses, en avant.

Pattes très robustes. Tibias antérieurs très courts, fortement triangulaires, avec une apophyse dentaire terminale forte, aiguë ou mousse. Tibias intermédiaires et postérieurs fortement creusés sur leur face dorsale, qui est exceptionnellement large. Quatre tarses postérieurs, à articles triangulaires, étroits.

Patrie : Asie mineure : Akbès, Mᵗ Taurus. — Types : coll. Fairmaire ; la mienne.

Cette espèce a été rapportée d'Akbès, par M. l'abbé David. Elle se rapproche de la *P. timarchoides*, dont elle se distingue, toutefois, par sa forme plus allongée, par les tubercules des élytres plus serrés, plus gros, par l'absence presque complète de la côte marginale, par la forme du prothorax, beaucoup moins fortement arrondi et moins large, beaucoup moins rentrant en arrière. Antennes encore plus courtes, plus épaisses, avec les derniers articles moins brusquement élargis.

Au Museum national, se trouvent six exemplaires d'une Pimelia provenant de Syrie, et que nous croyons devoir rapporter à l'espèce que nous venons de décrire. Elle en diffère par la saillie beaucoup moindre des tubercules élytraux, qui sont encore plus denses. Les côtes sont tantôt nulles, tantôt visibles. Pour le reste, elle est absolument semblable à la *P. akbesiana*.

94. **P. timarchoides** Men. Bull. Ac. St-Pétersb. ɪ. p. 156. — Kr. Rev. d. Ten. p. 364. 366.

Syn. : *interstincta* Fisch. Bull. Mosc. 1837. nᵒ ɪv. p. 16. — *P. lineato-punctata* (Kinderm. in lit.)

Var. *testudo* Kr. l. c. p. 362. 366.

Dɪᴀɢɴᴏsᴇ Mén. (ex-Kraatz.) — *Subrotundato ovata, thorace valde transverso, medio fere lævigato, seu parce subtiliter punctato,*

*elytris tuberculis magnis sed parum elevatis inæqualibus. seriebus
dorsalibus lateralique interdum, tuberculorum seriebus indicatis,
costa marginali parum prominula, dense crenulata, interstitiis
tuberculorum subtilissime granulatis, granulisque singulis majoribus instructis.*

DESCRIPTION : Long. 15-18 1/2 mill. ; larg. 11-14 mill. — En
ovale court, parfois subhémisphérique, parfois un peu plus allongée,
et alors subdéprimée sur le dos des élytres.

Tête légèrement, très finement et peu densément granulée, avec
des points rugueux, plus ou moins nombreux, en avant, et un sillon
interantennaire bien marqué. Labre étroit, assez densément ponctué,
en avant, où il est cilié de poils fauves assez foncés. Menton rebordé,
finement granuleux ou ponctué, avec une échancrure antérieure bien
limitée, peu profonde. Antennes atteignant presque, en arrière, les
hanches intermédiaires, à articles coniques, médiocrement épais ; le
9e est aussi large, le 10° plus large que long ; palpes d'un brun foncé
brillant, plus clair à l'extrémité. La tête est fortement déclive en
avant.

Pronotum plus de deux fois plus large que long, fortement convexe, tranversalement et d'avant en arrière ; là, il est comme renflé.
Bord antérieur, notablement, moins long que le postérieur, tous deux
sont coupés presque en ligne droite. Angles antérieurs à peine indiquée. Angles postérieurs obtus, marqués par une légère encoche du
bord latéral, rarement tout à fait arrondis. La plus grande largeur
du pronotum est située en arrière du milieu ; de là, les côtés se di-
rigent régulièrement en avant, en convergeant. Le dessus du pronotum est plus ou moins distinctement alutacé, tantôt lisse et finement
ponctué au milieu, et alors les côtés sont assez fortement et peu
largement granulés, tantôt couvert de très petites granulations oblitérées, et alors les côtés sont plus largement, plus densément et
beaucoup plus finement granulés. Ecusson petit, peu élargi, en T
renversé.

Arrière-corps, à la base, de la largeur du pronotum en arrière,
fortement arrondi, convexe, à peine déprimé en dessus. Les élytres
sont légèrement évidées à la base ; elles sont fortement, mais peu
brusquement, déclives en arrière ; leur sculpture est très variable.
La côte marginale est formée d'une rangée, le plus souvent assez
régulière, de fines crénelures serrées. Le dessus de l'élytre est couvert de grosses pustules, tantôt confluentes et plus ou moins déformées, et alors le fond de l'élytre ne paraît pas, tantôt de volume
moindre et séparées, et on aperçoit alors le fond de l'élytre alutacé
et parsemé, en outre, de quelques granules. Dans cette dernière
forme, les côtes dorsales paraissent comme une ligne de tubercules
allongés, la côte latérale étant formée d'une rangée de gros tubercules aplatis. Ces trois côtes manquent, parfois, complètement, sur-

toút les deux dorsales, dans la première forme indiquée. Les pustules placées dans le 4° intervalle sont toujours plus petites que
dans les autres. Flancs couverts, assez densément, de petits tubercules triangulaires, plus ou moins réunis, transversalement, par des
rides et, parfois, oblitérés et effacés, surtout en avant. Abdomen
finement alutacé, avec une granulation très fine, très écartée
(♀ verisimiliter), ou bien densément, très finement et rugueusement granulé ♂?).

Pattes assez larges, fortes. Tibias antérieurs courts, élargis, terminés extérieurement par une dent forte, médiocrement longue et
peu aiguë. Tibias postérieurs et intermédiaires fortement comprimés
latéralement, exceptionnellement larges sur la face dorsale, qui est
moins profondément creusée dans les pattes postérieures.

Patrie : Anatolie : Amasia (Dʳ Lederer).

La var. *lineato punctata* (Kinderm. in litt.) correspond aux individus chez lesquels les côtes dorsales sont bien indiquées, et les pustules des intervalles plus écartées entre elles.

La forme dans laquelle les côtes dorsales disparaissent, et qui a,
parfois, un aspect tout particulier, a été décrite par M. Kraatz, sous
le nom de *P. testudo*. Nous avons pu constater, sur un exemplaire
obligeamment communiqué par ce savant entomologiste, la légitimité de la réunion de ces deux espèces. Sur une douzaine d'exemplaires faisant partie de notre collection, il existe des passages très
évidents entre ces deux formes.

95. **P. polita** [1]. Sol. l. c. p. 176. (*lævigata* Dj. Cat. sec. Baudi.)
Var. *euboica* Boield. Ann. Fr. 1865. p. 7. pl. 1. f. 3.

Diagnose Sol. — *Nigra, nitidula, ovalis, supra longitrorsum
curvata. Capite punctato ; prothorace cylindrico, lateribus tuber-*

---

(1) Cette espèce, extrêmement variable quant à la sculpture des élytres, est, selon
toute probabilité, spécifiquement la même que la *P. subglobosa*. Nous possédons des
exemplaires qu'il est impossible de séparer de l'une ou de l'autre, soit par leur taille
intermédiaire, soit par la sculpture des élytres. On retrouve des passages, également,
entre la *P. subglobosa* et la *P. verruculifera*, constitués par des variétés qui
doivent être rapportées à la *P. Mongeneti* Sol., et qui proviennent de Kustendjé
(Roumanie) et de Constantinople. D'un autre côté, la *P. græca* Sol. (nec Brullé),
considérée par M. Kraatz comme une variété de la *P. verruculifera*, relie cette espèce
à la *P. sericella* (var. *prætermissa*), qui n'a pas de granulation sur le pronotum, et dont les côtes sont formées de groupes de tubercules très irréguliers, placés
sur des élévations longitudinales des élytres. Nous croyons donc que les insectes
décrits sous les nᵒˢ 95, 96, 97 et 98, ne constituent que des formes différentes de la
même espèce, et nous serions même tenté d'y réunir la *P. cephalenica* Kraatz, et
græca Brullé. (Voir p. p.   et   ). — Cette question ne pourra être décidée qu'à l'aide
de matériaux nombreux, et surtout avec des provenances absolument certaines. Nous
donnerons donc ici, sous toutes réserves, les descriptions de ces insectes, tels qu'ils
sont aujourd'hui séparés ; l'avenir décidera.

culato, medio dorsi sublævigato, vel punctulato. Elytris dorso lævissimis ; singula lateribus obsolete tuberculatis, costisque duabus approximatis.

DESCRIPTION : Long. 17-19 1/2 mill.; larg. 11-13 mill. — Brillante, arrière-corps en ovale court, convexe ou à peine déprimé sur le dos.

Tête alutacée, presque lisse, finement granulée, ou ponctuée en avant et sur les côtés. Impression interantennaire marquée, large. Labre ponctué sur le pourtour, cilié de fauve. Menton nettement ponctué ou granuleux. Antennes dépassant la base du pronotum, en arrière ; articles épais ; le 8°, petit ; 9°, large, transversal. Palpes noirs.

Pronotum plus de deux fois plus large que long, coupé presque droit, en avant et en arrière, à bord postérieur paraissant plus large que l'antérieur. Angles antérieurs à peine indiqués ; angles postérieurs presque nuls, arrondis ; côtés arrondis. La plus grande largeur du pronotum est située toujours en arrière du milieu de la longueur et, quelquefois, près du bord postérieur. Dessus du pronotum presque lisse au milieu, avec de fines granulosités, plus ou moins effacées, et quelquefois des points très fins, entremêlés. Côtés densément et finement granulés. Ecusson de forme variable, ordinairement triangulaire, petit.

Arrière-corps plus large que la base du pronotum, avec les épaules parfois assez marquées, très peu avancées. Il est convexe, à peine déprimé au milieu du dos, court, subhémisphérique ou ovale. Sa superficie est assez lisse, avec quelques rides effacées, ou bien avec des vestiges de granulations larges et aplaties et, parfois, des granules disséminés, ou des points enfoncés, obsolètes. Les élytres sont toujours finement, mais distinctement granulés, en arrière, dans le 4ᵉ intervalle, et sur les flancs. Les côtes marginale et latérale sont bien marquées, crénelées, rapprochées ; cette dernière, toujours plus longue que la marginale, au-dessus de laquelle elle est placée, en la surplombant, est parfois beaucoup plus forte. Les côtes dorsales manquent, ou sont à peine indiquées, par une légère saillie longitudinale de l'élytre. L'abdomen, alutacé, est densément couvert de granulations, souvent très serrées, très petites et, parfois, entremêlées de points.

Tibias antérieurs armés d'un prolongement terminal externe assez fort et souvent acuminé. Tibias intermédiaires et postérieurs peu larges, creusés sur la face dorsale. Quatre tarses postérieurs, à articles triangulaires, assez longs.

Patrie : Turquie d'Europe ; Grèce : Mᵗ Athos ; Asie mineure : Bosz Dagh.

Var. A. (*euboica* Boïëldieu), plus allongée, sculpture semblable à celle du type et tout aussi variable. Nous en possédons un exemplaire, chez lequel les élytres sont couvertes de pustules un peu plus marquées que de coutume, et qui sont réunies transversalement.

La var. *euboica* est plus commune que le type dans les collections. Elle provient d'Eubée et de Négrepont.

96. **P. subglobosa** Linn. Syst. Nat. Gmel. i. iv. p. 2007. — Pall. Icon. Regn. an. i. p. 50. pl. c. f. 15. a. b. — Sol. l. c. p. 179, — Kr. l. c. p. 352 et 357. etc.

Syn. : Tenebrio *subglobosus* Pall. loc. cit.
Var. A. *Mongeneti* Sol. l. c. p. 177.

DIAGNOSE Sol. — *Nigra, supra longitrorsum curvata, curta, ovalis, subglobosa. Capite subtiliter granulato. Prothorace subcylindrico, lateribus tuberculato. Elytris dorso, tuberculis magnis, densis obtusisque subserialis aliquando obliteratis ; lateribus tuberculis minoribus subtriangularibus; singula costis duabus prominulis, tuberculatis ; marginali tuberculis numerosis parvisque.*

DESCRIPTION : Long. 14-18 1/2 mill.; larg. 9-12 mill. — Mate ou peu brillante, en ovale court, très convexe, à peu près régulier.

Tête finement et peu densément granulée, ponctuée assez grossièrement, en avant. Labre finement ponctué, nettement sinué, et longuement cilié de fauve. Menton rugueusement ponctué, assez profondémenc échancré. Antennes modérément épaisses ; articles 8e et 9e aussi larges que longs, ce dernier plus élargi. Palpes noirs, à dernier article, rarement, brunâtre à l'extrémité.

Pronotum convexe, ponctué, en avant, plus de deux fois plus large que long, mais un peu plus allongé que dans les espèces du même groupe, assez notablement rétréci en avant, faiblement arrondi sur les côtés, qui sont à peine rentrants à la base. Angles antérieurs à peine marqués et seulement un peu saillants en dehors, angles postérieurs arrondis. Superficie finement alutacée, avec les traces obsolètes, d'une carène longitudinale médiane ; côtés du pronotum très finement et peu densément granulés; le milieu du dos est presque lisse, avec quelques points, ou quelques granulations presque invisibles. Ecusson petit, variable, longitudinal, très étroit.

Arrière-corps ordinairement plus large, à la base, que la base du pronotum, ayant les épaules marquées, arrondies. Il est en ovale court, atténué légèrement, en arrière, fortement convexe, et, parfois, légèrement déprimé sur le milieu du dos. Toute sa superficie, jusqu'à la côte latérale, est couverte de larges pustules, arrondies, confluentes très effacées, et qui disparaissent souvent complètement, ou presque complètement. Dans le quatrième intervalle, les pustules sont plus écartées, un peu plus saillantes et plus petites, en arrière. Le plus souvent, les élytres sont glabres, mais on trouve des exemplaires où les pustules sont entourées d'une pubescence jaunâtre, couchée. Les côtes dorsales manquent ou sont indiquées, seulement, par une légère élévation longitudinale. La côte latérale est habituellement saillante, formée de crénelures effacées, allongées ; elle est rapprochée de la côte marginale, mais ne la recouvre pas complètement, lorsqu'on examine l'insecte, de haut en bas. La côte marginale est ordinairement épaisse, formée de très petites granulations qui recouvrent un bourrelet formé par la jonction de la partie supérieure et des flancs des élytres. Ceux-ci présentent une granulation fine, écartée, parfois assez inégale ; les deux côtes externes sont prolongées, également, jusqu'à l'extrémité de l'élytre. Abdomen couvert de granulosités fines, ordinairement très serrées.

Dent terminale externe des tibias antérieurs, peu épaisse, habituelliment assez aiguë. Tibias intermédiaires assez fortement creusés sur la face dorsale, qui se relève légèrement à l'extrémité. Face dorsale des tibias postérieurs beaucoup moins profondément cannelée. Quatre tarses postérieurs, triangulaires, peu hispides. Les ongles sont fortement recourbés, écartés.

Patrie : Russie méridionale : Sarepta, Crimée. Elle est commune aux environs de Kustendjé (Roumanie).

Var. A. (*Mongeneti*). — Nous rapportons à la *subglobosa*, la *P. Mongeneti* (Sol.) Elle diffère du type par la forme moins allongée et moins rétrécie, en avant, du pronotum, par la position de la côte latérale, qui surplombe, un peu moins, la côte marginale, par ses tibias intermédiaires moins relevés à l'extrémité. Cette forme est intermédiaire entre la *subglobosa* et la *verruculifera*. Les var. A et B Sol. de *Mongeneti*, appartiennent certainement à la *P. verruculifera*. Nous avons vu un individu de la var. B indiqué comme type de Solier dans la collection de Marseul. La *P. Mongeneti* typique, qui faisait partie de la coll. Mniszech (ex-coll. Dupont), doit exister dans la collection de M. Oberthür. Nous n'avons pu la voir.

97. **P. verruculifera** Sol. l. c. p. 180. — Kr. l. c. 344.

Syn. : *P. Mongeneti* (var. A. Sol.) — *coordinata* Fisch. Bull. Moscou. 1837. IV. p. 17. — *varicosa* Mén. Bull. Ac. St-Pétersb. 1838. p. 34. — *verrucifera* Walt. Isis. 1838. p. 459. 68. (ex. Kraatz).

Var. A, Sol. (*Pube rufula vestita.*) — Var. B. Sol. (*diffusa.*) — Var. C. *Mongeneti* Sol. var. B. — Var. D. *græca* Sol. (nec Br).

DIAGNOSE Sol. — *Nigra, supra longitrorsum curvata, ovalis suboblonga. Capite tuberculis raris prothoraceque lateribus tuberculato, sublente subtiliter dense vix granulatis. Elytris granulis minutissimis dense tectis; dorso tuberculis magnis obtusis laxisque; lateribus tuberculis minoribus subtriangularibus, granulis minutissimis rarioribus. Costis laterali marginalique prominulis tuberculatis; dorsalibus obliteratis.*

Description : Long. 15-20 mill.; larg. 9-12 mill. — D'un noir assez peu brillant, en ovale large, souvent peu atténué en arrière.

Tête avec de fines granulations écartées, et quelquefois, seulement, remplacées vers le bord antérieur, par des points rugueux ; le vertex est presque lisse. Sillon interantennaire distinct. Labre presque lisse, alutacé en arrière, rugueusement ponctué, ou grossièrement granulé en avant, où il est assez longuement cilié de fauve. Menton échancré, peu profondément, mais très nettement, en avant, avec quelques points disséminés, remplacés, parfois, par des granulations. Antennes dépassant, en arrière, la base du pronotum, à articles coniques ; 8e plus petit et beaucoup moins large que le 9e, qui est à peu près aussi large, à l'extrémité, que long. Palpes maxillaires ayant le dernier article assez long, d'un brun plus clair à l'extrémité.

Pronotum court, transversal, un peu plus étroit en avant qu'en arrière. Sa plus grande largeur est située, habituellement, en arrière du milieu de la longueur, mais, quelquefois, au milieu même. Angles antérieurs à peine marqués. Le milieu du pronotum, en dessus, est couvert de fines granulosités très serrées, qui peuvent se convertir en une ponctuation à peine visible et très serrée, ou disparaître tout à fait. Sur ce fond, sont disséminées quelques granulations très petites et très oblitérées ; les côtés présentent le même fond et des granulations écartées, plus fortes qu'en dessus, mais encore de petite taille. Ecusson petit, en T renversé.

Arrière-corps à peine plus large que la base du pronotum à sa base ; les épaules s'arrondissent assez brusquement, puis les côtés de l'arrière-corps deviennent subparallèles, pour s'atténuer assez brusquement en arrière. Il en résulte qu'il est presque aussi large en arrière qu'en avant. Surface des élytres, présentant des tubercules subhémisphériques assez grands, aplatis (rarement saillants, et alors légèrement triangulaires), très irrégulièrement placés, souvent réunis en séries plus ou moins obliques ; le fond même de l'élytre est mat, et rendu tel par des granulosités très fines, très serrées, quelquefois à peine visibles, même à la loupe. Sur le 4e intervalle et sur les flancs de l'élytre, les tubercules sont triangulaires, à sommet dirigé en arrière, peu saillants et confluents. Les côtes dorsales manquent complètement, ou sont à peine indiquées. Côtes latérale et marginale bien distinctes, formées d'une rangée de tubercules beaucoup plus gros dans la côte latérale, qui est placée près de la marginale et au dessus, presque dans le même plan vertical ; il en résulte que, d'en haut, on n'aperçoit que la côte latérale. Lorsque les côtes dorsales apparaissent, elles sont formées par des rangées plus ou moins complètes de grosses pustules dorsales. Abdomen brillant, couvert plus ou moins densément, de fines granulations, en général plus rapprochées et plus fortes sur les premiers segments.

Tibias antérieurs terminés, extérieurement, par un prolongement long, mince, presque toujours très aigu et légèrement recourbé en haut. Tibias postérieurs longs, grêles, étroits, sur leur face dorsale, qui est moins profondément creusée que dans les tibias intermédiaires. Quatre tarses postérieurs grêles, articles allongés ; le premier très légèrement comprimé latéralement à la base.

Patrie : Grèce. Roumélie : Smyrne, etc.

Var. A. Sol. — *Dorso pilis rufulis resupinatis dense tecta.* — Cette variété ne serait probablement, d'après Solier, que l'insecte typique non défloré. M. Kraatz a adopté cette opinion, qui ne nous semble pas absolument démontrée. En effet, nous avons, par devers nous, des exemplaires très frais de la *P. verruculifera* chez lesquels on ne trouve pas la moindre trace de pubescence couchée. De plus, il nous a toujours semblé, en examinant de individus partiellement déflorés et d'autres dont nous avons dénudé, à dessein, les élytres, que chez les individus pubescents les tubercules hémisphériques et aplatis étaient toujours de grandeur moindre et beaucoup plus distants les uns des autres. Il pourrait donc se faire qu'il y aurait là deux types différents de la même espèce.

Var. B. (*diffusa*) Sol. — *Elytris tuberculis diffusis in ordine junctis.* — Dans cette variété les rangées dorsales sont distinctes, mais irrégulières, dit Solier. M. Kraatz rapporte à cette variété la *P. Mongeneti* Sol.

Var. C. (*Mongeneti* Sol. var. B. Sol.) — Cette variété est remarquable par la saillie anormale des tubercules élytraux. Le prothorax est relativement plus étroit, mais tout aussi court que dans la forme typique.

Var. D. (*P. Græca* Sol. nec Br.) — Cette variété, déjà réunie par M. Kraatz à la *P. verruculifera*, forme le passage à la *P. sericella* Sol. Elle est couverte d'une pubescence épaisse, le pronotum est à peine granulée au milieu. Les tubercules des élytres, hémisphériques, de taille moyenne, sont inégaux et inégalement répartis sur les élytres; les plus gros semblent indiquer la côte 1re dorsale qui est indistincte ainsi que la 2e, etc., etc. — Grèce. — Cette variété se rapproche plus, selon nous, de la *P. sericella* que de la *verruculifera*. Nous en avons vu le type (en très mauvais état) dans la collection de Marseul. Selon Solier ce serait la *P. græca* (Stevens).

98. P. sericella Sol. l. c. p. 185. (Latr. Cat. Dj.) — Kr. l. c. p. 346.

Syn. : *græca* Br. var. A. Kr. l. c. p. 351.

Var. A. Sol. (*calculosa*). — Var. B. (*trachyderma*). — Var. C. (*phymatodes* Sol.) — Var. D. (*Minos* Luc.) — Var. E. (*prætermissa* mihi.)

DIAGNOSE Sol. — *Nigra, longitrorsum curvata, ovalis, curta aut subglobosa, pube rufula dense tecta. Capite prothoraceque supra*

*valde et dense tuberculatis. Elytris tuberculis parvis granulisque
minutissimis, vel pube densa intersertis; singula costis quatuor
plus minusve angulatis, secunda abbreviata.*

DESCRIPTION : Long. 14-17 mill. ; larg. 9 1/2-11 mill. — En ovale
court, assez large.

Tête finement, assez densément granuleuse, rugueusement ponctuée
en avant du sillon interantennaire, qui est plus ou moins marqué.
Labre densément, presque rugueusement, ponctué, cilié de poils
fauves assez longs. Menton largement rebordé, fortement échancré,
en avant, presque lisse, ou densément et peu profondément ponctué.
Antennes dépassant, en arrière, le bord postérieur du pronotum,
robustes. 9e article élargi, au moins aussi large à l'extrémité que
long, triangulaire. Dernier article des palpes rougeâtre.

Pronotum court, plus de deux fois plus large qu'il n'est long ;
bord antérieur un peu concave, en avant, avec les angles antérieurs
presque nuls. Bord postérieur plus large, presqu'en ligne droite ;
angles postérieurs tout à fait arrondis, nuls. Côtés arrondis, plus
fortement en arrière ; la plus grande largeur du pronotum est située
vers la réunion des 2/3 antérieurs avec le 1/3 postérieur. A partir de
ce point, les côtés rentrent très légèrement en arrière. Toute la superficie du pronotum est couverte de petites granulations peu denses
et partout égales et également écartées, entremêlées d'une pubescence
couchée, d'un fauve doré, assez épaisse, et de fines granulosités. Sur
le milieu existe une saillie linéaire longitudinale. Ecusson variable,
de taille moyenne, souvent caché par la pubescence.

Arrière-corps notablement plus large, à la base, que la base du
pronotum, avec les épaules largement saillantes, en avant. Base des
élytres faiblement évidée en avant. Elles sont couvertes, en totalité,
d'une pubescence épaisse d'un fauve sale, et composée de petits poils
couchés en tous sens, comme feutrée. Les côtes dorsales et latérales
tranchant sur cette pubescence qui cache le fond de l'élytre, sont
formées de lignes tuberculeuses élevées, assez fortes pour les 3 côtés
internes où les tubercules, toujours régulièrement placés en série,
sont parfois partiellement un peu écartés. La côte marginale, plus
fine, est densément crénelée. La côte latérale est un peu raccourcie
en avant, la 2e dorsale est raccourcie en arrière, mais il est parfois
possible de la deviner jusqu'à sa réunion à la côte 1re dorsale. Dans
les intervalles creusés, presque scaphidiformes, à cause de l'élévation des 3 côtes internes, de petits tubercules émergent çà et là de
la pubescence Les flancs sont alutacés, avec de petites granulations
disséminées et une pubescence fine couchée, plus ou moins conservée.
Dessous de l'abdomen finement alutacé, avec de petits granules
aplatis disséminés, à peine plus forts et plus écartés sur le dernier
segment.

Tibias antérieurs avec une dent assez longue, aiguë et recourbée à l'extrémité. Tibias postérieurs grêles, aplatis sur le dos. Tibias intermédiaires un peu plus profondément creusés. Quatre tarses postérieurs grêles, à articles triangulaires. Le dernier est relativement assez long.

Patrie : Grèce ; Turquie d'Asie : Mossoul. 1 ex. de ma collection. — Type : coll. de Marseul.

Var. A. (*calculosa* Sol.) — De très petite taille (16 mill.). Dos du pronotum avec des granulations en partie oblitérées, nombreuses. Côtes élytrales formées de rangées de petites granulations; elles sont peu saillantes, et le 3e intervalle (et non le 2e, comme Sol. l'a imprimé par erreur) est creusé, scaphidiforme.

Var. B. (*trachyderma* Sol.) — Très voisine de la var. A. et un peu plus courte et plus large. Granulation du milieu du pronotum encore plus oblitérée. Les côtes élytrales sont plus saillantes, formées de granulations plus fortes. — Nous avons vu, dans la collection de Marseul, les types de ces deux variétés.

Var. C. (*P. phymatodes* Sol.) — Nous donnons ici la diagnose de Sol., qui suffit pour caractériser cette variété : *Nigra, supra longitrorsum curvata brevi-ovalis. Capite valde tuberculato. Prothorace dorso tuberculis laxioribus. Elytris tuberculis parvis, sparsis, acutis ; interstiis lævibus. Costis dorsalibus haud elevatis, tuberculatis postice obliteratis. Laterali marginalique prominules dense crenulatis.* — Long. 15 mill. ; larg. 10 mill.

Cette variété, dont nous avons également étudié le type, est très voisine de la suivante :

Var. D. (*P. Minos* Luc.) — 14-16 mill. — Pronotum court, presque droit en arrière et en avant, à côtés plus régulièrement arrondis, avec la plus grande largeur du pronotum située au milieu ou un peu en arrière du milieu de sa longueur. Superficie alutacée, à granulations plus ou moins marquées au milieu. Il existe, souvent, une petite fossette oblitérée au devant de l'écusson. Les élytres, plus nettement évidées, à la base, que dans les variétés précédentes, rarement pileuses. Côtes élytrales formées de rangées de granulations. Tubercules des intervalles plus forts que les précédents, rarement réunis, transversalement. Dernier article des tarses presque aussi long que les autres réunis. — Ile de Candia; terrains sablonneux. — La Canée : Retimo. (Luc.)

Var. E. (*prætermissa* mihi). — Cette forme, qui n'a jamais été décrite, à notre connaissance, est si caractérisée, qu'on pourrait être tenté de la considérer comme une espèce particulière. Nous la décrivons *in extenso* sur une douzaine d'exemplaires de notre collection, et, contre notre habitude, nous lui avons donné un nom.

Description : Long. 15-19 mill. ; larg. 9 1/2-11 1/2 mill. — D'un noir peu intense, en ovale court, large, très couvexe en dessus.

Tête lisse, ayant, parfois, quelques granules disséminés, sur le

vertex, souvent fortement ponctuée en avant de l'impression interantennaire, habituellement très marquée. Labre rugueusement ponctué,
cilié de poils d'un brun fauve. Menton fortement ponctué, divisé, en
avant, en deux lobes arrondis par une échancrure profonde, qui se
continue souvent, en arrière, jusqu'à sa base. Les antennes, d'épaisseur variable, dépassent légèrement le pronotum, en arrière. Les
articles vont en diminuant de longueur, du 3e au 8e; le 9e est plus
long, et aussi large à l'extrémité que long. Dernier article des palpes
maxillaires fauve à l'extrémité.

Pronotum assez court, très convexe en dessus, très rétréci en
avant, où il est à peine plus large que la tête; de là, il s'élargit rapidement et progressivement, en arrière, jusqu'au voisinage des
angles postérieurs, où il se rétrécit brièvement. Il est très faiblement
trisinué en avant, avec les angles antérieurs à peine marqués, coupé
presque droit en arrière. Le dessus est largement lisse au milieu,
mais, avec un fort grossissement, on s'aperçoit qu'il est couvert d'une
ponctuation extrêmement fine et serrée; sur les côtés, existent
quelques granulations rares et très petites; il y a, en outre, souvent,
des vestiges d'une pubescence jaunâtre, fine et couchée. Ecusson
très petit, à branche postérieure un peu saillante.

Arrière-corps un peu plus large, à la base, que la base du pronotum. De là, il s'arrondit rapidement en un ovale court, plus ou moins
brusquement atténué, en arrière, où il est subacuminé. Les élytres,
évidées légèrement à la base, ce qui fait paraître les épaules un peu
avancées, sont partout finement alutacées, mais recouvertes d'une
pubescence très fine, très serrée, et plus ou moins conservée, d'un
jaune gris sale. Sur ce fond, tranchent des tubercules de petite
taille, plus ou moins nombreux, très inégalement groupés, en tous
sens, déprimés et très inégaux, toujours plus écartés et plus petits en
arrière, en dehors et sur les flancs, où ils sont très rares, et microscopiques. Côte marginale très fine, crénelée densément, souvent un
peu plus large en avant. Côte latérale assez saillante, formée de
tubercules assez forts, rangés en série régulière, sur les côtés desquels viennent s'ajouter, parfois, d'autres tubercules. Côtes dorsales
peu élevées, formées par une réunion, très irrégulière, des tubercules
des intervalles placés sans ordre. On ne les reconnaît que parce que
les tubercules sont un peu plus nombreux au niveau de la place que
la côte devrait occuper sur une légère saillie longitudinale de l'élytre. Intervalles légèrement déprimés. Dessous de l'abdomen presque
lisse, très finement alutacé, à peine distinctement granulé.

Pattes relativement longues, grêles. Dent terminale externe des
tibias antérieurs assez longue, étroite, aiguë. Tibias postérieurs assez
étroits, légèrement creusés sur le dos. Quatre tarses postérieurs
triangulaires, assez allongés.

Patrie : Grèce : Athènes. (M. Signoret). 1 ex.

La var. *praetermissa* diffère de la *P. sericella* par l'absence de granulations et, surtout, par la forme toute spéciale du pronotum. Celui-ci, dans notre espèce, est fortement rétréci en avant et a son maximum de largeur très près des angles postérieurs ; les côtés sont à peine arrondis. Cette forme de pronotum est constante et à peine variable. Les côtes dorsales des élytres, au lieu d'être indiquées par des rangées linéaires de tubercules comme dans la *sericella* et ses autres variétés, sont indiquées par des groupes de tubercules déprimés comme dans la *P. cephalenica* Kr., dont notre espèce se rapproche beaucoup plus, mais dont il est facile de la distinguer par la forme de l'arrière-corps et celle du pronotum.

99. P. cephalenica Kr. l. c. p. 348. 351.

DIAGNOSE Kr. — *Oblongo ovalis, thorace lateribus fortius granulato (quam in P. sericella), medio haud tuberculato, elytris minus rotundatis, costis dorsalibus postice leve obliteratis quam tuberculorum seriebus indicatis, tuberculis inæqualibus parum elevatis, minus acutis, interstitiis granulatis pubescentibus.*

DESCRIPTION [1] : Long. 16-18 1/2 mill. ; larg. 9-11 mill. — En ovoïde épais, allongé, convexe sur le dos, avec le pronotum et la tête inclinés en avant, comme dans toutes les espèces de ce groupe. Elytres irrégulièrement granuleuses, à pubescence plus ou moins conservée.

Tête alutacée, assez finement ponctuée, à partir de l'impression interoculaire ; la partie antérieure de la tête est grossièrement, rugueusement ponctuée et déprimée. Labre densément ponctué, nettement sinué et cilié de poils d'un fauve doré en avant. Menton presque arrondi, petit, densément ponctué, assez profondément échancré. Antennes dépassant à peine, en arrière, la base du pronotum, à articles assez épais, courts ; le 9e à peu près aussi large à l'extrémité que long. Palpes ayant les 2 derniers articles d'un brun plus ou moins clair à l'extrémité.

Pronotum plus de deux fois plus large que long, subcylindrique ; bords antérieur et postérieur légèrement trisinués ; ce dernier est légèrement, et quelquefois, un peu anguleusement, prolongé en arrière, au devant de l'écusson. Ils sont, l'un et l'autre, ciliés d'une bordure, étroite, de poils jaunâtres très courts. Côtés du pronotum arrondis, sur les côtés, plus brusquement, en arrière, où les côtés sont reutrants ; la plus grande largeur du pronotum est placée un peu en arrière du milieu de sa longueur. Angles antérieurs à peine indiqués, angles postérieurs nuls, arrondis. La superficie du prono-

---

(1) Description faite sur des insectes provenant, en partie, de M. Kraatz (ex coll. Javet).

tum est alutacée, à granulation fine et écartée latéralement, avec une
ligne obsolète, médiane, longitudinale, entourée de quelques points
plus forts au milieu, et de points plus petits, et de fines granulosités
dans toute la partie moyenne. On aperçoit, çà et là, les vestiges d'une
pubescence couchée, d'un fauve doré. Ecusson peu visible, généralement petit et triangulaire.

Arrière-corps plus large, à la base, que la base du pronotum, en
ovoïde épais, allongé, couvert de tubercules inégaux, irréguliers,
aplatis, formant, parfois, des plis transversaux effacés, entremêlés
de quelques rares granules et de vestiges de pubescence dorée, fauve.
Les deux côtes dorsales sont très irrégulières, confondues, en partie,
avec les granulations des intervalles, parfois, presque indistinctes.
Elles se réunissent, ou tendent à se réunir, en arrière. Côte latérale
plus régulière, formée de crénelures allongées; côte marginale à
crénelures petites et serrées, régulières. Flancs des élytres marqués
de granulations petites, oblitérées, entremêlées de granulosités encore plus fines.

Abdomen alutacé, avec des granulations minuscules, quelquefois
très serrées, mais, le plus souvent, écartées et rares.

Tibias antérieurs, avec un prolongement terminal externe, fort,
non aigu à l'extrémité. Tibias intermédiaires et postérieurs de largeur ordinaire, sur le dos, qui est habituellement aplati, quelquefois,
cependant, légèrement cannelé. Quatre tarses postérieurs, à articles
triangulaires, allongés, peu élargis transversalement.

Patrie : Iles Ioniennes : Céphalonie. — Nous en possédons un
exemplaire de petite taille, provenant de Corfou, et qui se distingue
par l'absence de ponctuation rugueuse de la partie antérieure de la
tête.

Cette espèce, qui n'est peut-être qu'une forme de la *P. sericella*,
propre à l'île de Céphalonie, ressemble, par la manière dont les côtes
dorsales sont constituées, à notre variété *prætermissa*, mais elle en
est bien distincte par la forme allongée de l'arrière-corps, et par celle
du pronotum, qui se rapproche beaucoup de la forme qui existe dans
l'espèce suivante.

100. **P. græca** Brull. Exp. de Morée. Ins. p. 192. pl. 40. f. 2. — Kr.
l. c. p. 350. (nec Stev. nec Sol.)

Syn. : *P. exanthematica* Sol. l. c. p. 183. (Dj. coll. Gory.) —
P. monilifera Sol. l. c. p. 184.

Var. *asperula* Sol. l. c. p. 182.

DIAGNOSE Br. — *Gibba, ovata, nigra; thorace brevi, lateribus
rodundato, tenuissime tuberculato; elytris crassius tuberculatis,
brevissime sericeo-villosis, lineis 3, longitudinalibus et quarta
marginali obseletis, ad apicem elevatioribus.*

5

DESCRIPTION (1) : Long. 17 1/2-20 mill. ; larg. 11-14 mill. — En ovale allongé, d'un noir brunâtre mat.

Tête marquée de petits tubercules écartés, peu saillants, ponctuée en avant, surtout dans le sillon interantennaire. Labre petit, arrondi, sinué légèrement en avant, ponctué, ainsi que le menton, qui est peu profondément échancré. Antennes robustes, dépassant, un peu, la base du pronotum, en arrière, à articles cylindro-coniques ; elles sont brunâtres, avec l'extrémité des derniers articles plus claire ; 7e article au moins aussi large à l'extrémité que long. Palpes d'un brun foncé ayant le dernier article roussâtre.

Pronotum subcylindrique, un peu plus de deux fois plus large que long. Bord antérieur à peine un peu concave, en avant ; angles antérieurs nullement saillants, bord postérieur plus large, coupé en ligne droite ; angles postérieurs nuls, arrondis. Bords latéraux arrondis légèrement, allant en s'écartant jusqu'aux 3/4 postérieurs de leur longueur, légèrement rentrants de là, jusqu'à la base. Tout le dessus du prothorax est couvert, à peu près uniformément, de petits tubercules aplatis, assez rapprochés, à peine un peu moins marqués au milieu, où se trouve un espace médian longitudinal légèrement élevé, très finement alutacé, comme les espaces qui séparent les tubercules. Prosternum légèrement réfléchi en haut, à l'extrémité postérieure, qui est indistinctement rebordée. Ecusson petit, subquadrangulaire, avec un des angles placé en avant.

Arrière-corps pas plus large, en avant, que la base du pronotum, en ovoïde régulier, légèrement atténué en arrière ; il est convexe en dessus, mais un peu aplati sur le milieu du dos, et plus brusquement déclive en arrière que dans les espèces du même groupe. Chaque élytre, légèrement évidée à la base, est couverte, densément, de petits granules, allongés, peu saillants, plus gros que ceux du pronotum, plus forts dans le 1er intervalle, en avant, plus écartés et plus petits en arrière. Dans les intervalles de ces granulations, on aperçoit le fond de l'élytre, à peine visiblement alutacé, avec de petits poils d'un jaune doré, très courts et couchés. Les côtes dorsales sont à peine indiquées par des rangées, obsolètes, de tubercules un peu plus gros que ceux des intervalles : elles sont un peu plus distinctes en arrière, où elles se réunissent en Y. La côte latérale, formée de tubercules allongés, devient presque lisse et plus saillante en arrière ; elle surplombe presque complètement la côte marginale. Celle-ci est formée, dans sa moitié antérieure, de petites granulations, aplaties, rapprochées, ce qui la rend peu saillante dans la première partie de son trajet. Flancs parsemés de très petits tubercules triangulaires, aplatis, plus écartés que sur le dessus des

---

(1) Description faite sur l'exemplaire typique de Sol. (ex coll. de Marseul), et sur le type de Brullé. (Museum National.)

élytres, mais tranchant, par leur brillant, sur le fond mat de la partie
réfléchie de l'élytre. Dessous de l'abdomen brillant, alutacé, avec de
petits points enfoncés et quelques petits tubercules rares et disséminés.

Pattes médiocrement longues, assez grêles. Tibias antérieurs assez
larges à l'extrémité, avec une dent externe assez longue, aiguë.
Tibias postérieurs très grêles sur le dos, qui est canaliculé, mais un
peu moins profondément que dans les tibias intermédiaires. Quatre
tarses postérieurs, à articles triangulaires, allongés. étroits.

Patrie : Grèce. A une certaine distance de la mer. Terrains sablonneux.

Solier décrit une variété A., qui ne se distinguerait que par sa
côte marginale oblitérée, excepté à la base. Nous ne l'avons pas vue.

J'ai pu vérifier, au Museum de Paris, l'identité de la *P. græca*
Brullé et de la *P. exanthematica* Sol. Quant à la *P. monilifera* Sol.,
dont nous avons vu également le type unique, elle a été décrite par
l'auteur, sur un exemplaire ayant l'arrière-corps un peu plus court
et plus large, et le pronotum élargi en arrière. Les tibias postérieurs
sont indiqués, par Solier, comme étant un peu plus larges : cette
différence n'est pas sensible.

Var. A. (*asperula* Sol.) (1). — Cette variété diffère de la *P. græca*
Brull. par les tubercules du dos du pronotum plus écartés, plus oblitérés. Les élytres sont couvertes de petits tubercules triangulaires,
assez serrés, diminuant de grosseur, d'avant en arrière et de dedans
en dehors. Les côtes dorsales sont peu distinctes; elles sont formées de rangées de granulations à peine plus fortes que celles des
intervalles. La côte marginale est très fine, presque effacée au
milieu, etc.

Patrie : Grèce. Un exemplaire de ma collection porte l'étiquette de
Syrie.

101. **P. maura** Sol. l. c. p. 137. (Dj. Cat. 3ᵉ édit. p. 197. l. c. p. 320. 329).

Syn. : *alutacea* (Sturm. Cat. 1826. p. 183.) — *tuberculata* (Parr.
in litt.)

DIAGNOSE Sol. — *Nigra, curta, ovalis, convexa. Prothorace subcylindrico, supra tuberculato, medio tuberculis plus minusve
obliteratis. Elytris tuberculis vix acutis, magnis, densissimis,
plus minusve transversim junctis; singula seriebus quatuor vix
conspicuis. Tibiis anticis mediocriter junctis; singula seriebus*

---

(1) Nous possédons deux exemplaires de cette variété. Ils sont presque identiques
avec le type de Solier, mais l'un d'eux est couvert d'une pubescence fine, ressemblant
à celle de la *P. verrucutifera*, plutôt qu'à celle de la *P. sericella*.

quatuor vix conspicuis. Tibiis anticis, mediocriter latis, extrorsum integris; postice crassis, dorso valde planatis.

Var. A. (Long. 23 mill.; larg. 13 mill.) — *Major, oblongiorque tuberculis elytrorum majoribus, transversimque minus junctis.*

Var. B. — *Minor; capite punctato-rugoso, transversim impresso; tibiis posticis angustioribus.*

DESCRIPTION : Long. 14-23 mill.; larg. 9 1/2-13 1/2 mill. — D'un noir assez brillant, en ovale court; déprimée en dessus, fortement déclive, latéralement et en arrière.

Tête ponctuée, plus grossièrement, en avant; les points se convertissent, parfois, partiellement, en granulations, surtout sur les côtés; impression interantennaire, habituellement, bien marquée. Labre ponctué, surtout en avant, où il est peu ou non sinué, et cilié de poils fauves, plus foncés sur les côtés. Menton assez finement ponctué, peu profondément échancré. Antennes atteignant presque les hanches intermédiaires, à articles courts; 9e au moins aussi large que long; 10e court, transversal.

Pronotum subcylindrique, convexe, subsinué en avant, avec les angles antérieurs à peine saillants en dehors, quelquefois presque nuls. Bord postérieur légèrement concave en arrière; les angles postérieurs arrondis, nuls, ou presque nuls. La plus grande largenr du pronotum est située en arrière du milieu de sa longueur, chez les individus de petite taille, un peu en avant, chez les individus de grande taille. Sa surface est couverte de tubercules assez gros, saillants et denses sur les côtés, effacés et beaucoup plus petits sur le milieu du disque, qui présente les vestiges d'une ou de plusieurs dépressions transversales. Prosternum rostriforme, avec une légère saillie tuberculeuse en arrière. Ecusson subtriangulaire, en T renversé.

Arrière-corps en ovale épais, court, très légèrement déprimé sur le dos des élytres, tronqué et fortement déclive en arrière. Il est couvert, en dessus et sur les flancs, de tubercules arrondis, saillants, serrés, de grandeur sensiblement égale partout, et réunis, surtout dans le tiers moyen des élytres, et sur les flancs, en séries transversales, ridées. Les côtes dorsale et latérale, granuleuses, se confondent, presque absolument, avec les granulations des intervalles. Il en est, parfois, de même de la marginale; la plus saillante de toutes est la côte latérale, en arrière. Le dessous de l'abdomen, granulé et ponctué assez confusément, excepté sur le dernier article, où les tubercules sont granuliformes, espacés et saillants.

Tibias antérieurs, à peine élargis, terminés par une dent très courte, mais assez aiguë. Tibias intermédiaires plus fortement creusés sur le dos que les postérieurs; articles des quatre tarses postérieurs triangulaires, subcylindriques.

Patrie : Espagne : Cadix, Malaga ; Portugal? Maroc : Tanger.

La var. A. de Sol. nous a été envoyée de Tanger. La var. B. provient de Malaga et de Cadix. Ces deux variétés diffèrent du type, surtout par la taille.

102. P. Perezi. n. sp.

DIAGNOSE. — *Nigra subnitida, oblongo-ovata, supra subdepressa. Caput ubique punctatum, antrorsum grossius. Antennæ brunneæ, hispidæ, articulo nono, latitudine paulo longiore ♂, breviore ♀. Pronotum in disco minutissime punctatum, latera versus granulatum, vix postice subconstrictum, angulis posticis valde distinctis, obtusis. Elytra ubique granulata, costis quatuor granulosis notata, secunda dorsali, lateralique nonnunquam antrorsum vix perspicuis. Interstitia externa, longis, flavis recumbentibusque pilis vestita. Abdomen subtus validis depressisque, in segmentis duobus ultimis, minutis, tuberculis tectum, griseo, brevique tomento vestitum. Pedes brunnei. Tibiæ anticæ valido, extus, dente terminatæ. Tarsi rufo-brunnei, haud compressi.*

DESCRIPTION (1) : Long. 19 - 24 mill.; larg. 11 - 13 mill. — D'un noir presque mat sur le pronotum, plus brillant sur l'arrière-corps, en ovale allongé, parallèle latéralement ♀, plus atténué postérieurement ♂, déprimé sur le dos des élytres.

Tête assez densément et grossièrement ponctuée, en avant de l'impression interantennaire, qui est bien marquée ; ponctuée plus finement, et moins densément, sur le reste de son étendue. Labre concave en dessus, rugueusement ponctué sur son pourtour, cilié en avant, assez longuement, de roux doré. Menton finement rebordé, peu profondément échancré, ponctué peu densément. Antennes dépassant, en arrière, le bord du pronotum, brunes, couvertes de poils courts, raides, roux ♂ ou brun foncé ♀, à 9e article un peu plus long que large ♂, au moins aussi large que long ♀. Palpes d'un brun plus ou moins clair.

Pronotum, à peine deux fois plus large que long, trisinué, et bordé d'une rangée de poils grisâtres, courts et serrés, en avant et en arrière. Angles antérieurs marqués, assez prononcés en avant ; angles postérieurs obtus, précédés d'une sinuosité assez forte du bord latéral. Côtés assez fortement arrondis, en avant ; avant le milieu de la longueur, ils deviennent rentrants, et un peu concaves en dehors. Le bord postérieur paraît un peu plus étroit que le bord antérieur. Le milieu du disque, mat, est couvert de quelques points écartés, très fins ; côtés du pronotum assez fortement et assez également granulés. Ecusson petit, presque triangulaire.

---

(1) Description faite sur trois individus de la collection du Musée de Madrid (ex coll. Perez Arcas.)

Arrière-corps un peu plus large, à la base, que la base du pronotum, à épaules paraissant pointues, à cause de la saillie du rebord supérieur de l'épipleure, qu'on aperçoit très nettement, lorsqu'on regarde l'insecte de haut en bas. L'arrière-corps est en ovale allongé, atténué, régulièrement, en arrière ♂, subparallèle ♀, ce qui lui donne un peu l'aspect de la *P. subquadrata* St., tandis que le mâle rappelle la forme de la *P. variolosa* Sol. Les élytres, nettement évidées à la base, sont couvertes, densément, de granulations hémisphériques, de petite taille, toujours séparées partout, égales et subégalement écartées, formant, quelquefois, de petites séries transversales, à peine appréciables. Les quatre côtes sont formées par des rangées linéaires de granulations un peu plus fortes que celles des intervalles, surtout la 1re dorsale et la marginale. Les deux côtes intermédiaires sont un peu moins fortes, et chez un des exemplaires mâles, que nous avons sous les yeux, la 2e dorsale, surtout, se confond en avant, avec les granulations des intervalles. Dans le 4e intervalle, et dans la partie postérieure du 3e, se trouvent des poils fins, extrêmement longs et couchés, d'un jaune grisâtre ; ces poils, très remarquables, doivent être caduques, il en reste des traces dans le 2e intervalle, et il se pourrait que, chez les individus très frais, ils envahissent une grande partie des élytres. Flancs des élytres ayant une granulation analogue à celle du dessus, mais un peu moins serrée que dans le 4e intervalle. Le dessous de l'insecte est couvert d'une pubescence fine, plus ou moins conservée, d'un gris jaunâtre. Les segments abdominaux sont couverts de tubercules squamiformes, assez gros, excepté sur les deux derniers, où ils sont très petits.

Pattes d'un brun parfois assez clair. Tibias antérieurs terminés par une dent externe longue et assez étroite, à l'extrémité. Tibias postérieurs et intermédiaires à peu près également canaliculés sur le dos. Tarses d'un brun clair, à poils courts et roux, et à articles triangulaires rabattus, latéralement. Les ongles des tarses sont un peu moins déhiscents que d'habitude.

Patrie : Espagne or. : Aguilas, province de Murcie. (Mr Ehlers.) — Types : Coll. Mus. de Madrid ; la mienne.

Cette espèce rappelle un peu, par sa forme et la granulation, la *P. variolosa*. Il suffit, cependant, d'un peu d'attention, pour distinguer ces deux espèces, même lorsque les poils, longs et couchés, des 3e et 4e intervalles, manquent complètement, ce qui doit être assez rare, puisque, sur les trois exemplaires que nous connaissons, il n'y en a qu'un seul tout à fait dépilé. La forme du pronotum et des angles postérieurs est tout autre ; il en est de même des côtes élytrales et, surtout, de la côte marginale, qui sépare nettement, dans la *P. Perezi*, le dessus de l'élytre de sa partie latérale, ce qui n'a pas lieu dans la *P. variolosa*.

103. **P. variolosa** Sol. l. c. p. 130. — Kr. l. c. p. 317 et 328.

DIAGNOSE Sol. — *Nigra, oblongo-ovalis, glabra. Capite laxe punctato. Prothorace cylindrico, dorso tuberculato, medio lævigato. Elytris supra leviter depressis tuberculis densis satis magnis seriebusque quatuor dense tuberculatis, tuberculis intersitiorum vix distinctis. Antennis pedibusque crassis et nigris.*

Var. A. *Convexior, tuberculis elytrorum prominentioribus.*

DESCRIPTION : Long. 17-21 mill. ; larg. 9 1/2 - 12 mill. — Légèrement brillante, glabre en dessus, ovale, à arrière-corps allongé, ovalaire, légèrement cordiforme et déprimé faiblement.

Tête très finement chagrinée, avec des points espacés, diminuant de grosseur d'avant en arrière, et quelquefois, convertis en granulations fines ; dépression interantennaire, le plus souvent, peu marquée. Labre petit, concave en dessus, rugueux, faiblement sinué en avant, cilié de fauve doré. Menton nettement échancré, fortement et le plus souvent, rugueusement ponctué. Antennes assez fortes, hispides ; le 9e article, conique, un peu plus long que large à l'extrémité ; 10e, court, cupuliforme ; 11e, petit, acuminé.

Pronotum subcylindrique, à bords antérieur et postérieur peu sinués. Angles antérieurs à peine marqués ; angles postérieurs obtus, presque arrondis. Bords latéraux faiblement arrondis ; la plus grande largeur du pronotum est située en arrière du milieu de sa longueur. Sur les côtés, il est couvert de petits tubercules, aplatis, régulièrement espacés ; au milieu, il est largement lisse, avec des points, très fins, disséminés. Ecusson variable, toujours court, transversal, triangulaire.

Arrière-corps un peu plus large, à la base, que la base du pronotum, en ovoïde régulier, atténué plus fortement en arrière, et plus ou moins déprimé sur le milieu du dos. Suture lisse, le plus souvent finement rebordée et un peu élevée. Les élytres sont couvertes, peu densément, de petites granulations confluentes, rarement géminées, quelquefois entremêlées, de petites rides transversales, distinctes ; les côtes marginale et latérale et, quelquefois, la 1re côte dorsale, sont à peine indiquées par des tubercules rangés en séries longitudinales et un peu plus forts. Les côtes dorsales manquent souvent complètement, ou, tout au moins, dans la plus grande partie de leur trajet. Abdomen rugueusement couvert de tubercules squamiformes, plus ou moins confluents, entremêlés de petits points enfoncés. Sur le dernier et l'avant-dernier segments ces tubercules sont plus petits, plus rares, moins aplatis.

Pattes médiocrement épaisses. Tibias antérieurs terminés par un prolongement externe, bien marqué, lisse à l'extrémité, qui est souvent brunâtre et qui n'est presque jamais acuminée. Face dorsale des tibias intermédiaires étroite et, plus souvent, aplatie que creusée.

Tarses des quatre paires postérieures de pattes à articles triangulaires, assez allongés.

Patrie : Espagne mér. : Carthagène, Malaga, Almeria, Grenade ; Maroc ??

La *P. variolosa* ne pourrait être confondue qu'avec les *P. ruida* et *Perezi*. (V. p. 71 et 72.) Quant à la *P. maura*, la forme est toute différente : la granulation des élytres dissemblable et la dent externe terminale, ainsi que la forme des tibias antérieurs, ne permettent aucune confusion,

La var. A Solier comprend les individus plus convexes, ayant les granulations et les côtes plus marquées.

104. P. ruida Sol. l. c. p. 153.—Ramb. in. litt.—Kr. l. c. p. 320, 329.

DIAGNOSE Sol. — *Nigra, ovalis, supra depressa. Capite punctulato. Prothorace postice valde angustato, medio dorsi sublævigato, lateribus tuberculis rotundatis densis. Elytris dense tuberculatis costa marginali vix distincta, postice parum prominula, tuberculata ; alteribus retrorsum vix distinctis, tuberculatis. Tibiis posticis crassiusculis, supra angustatis, canaliculatis.*

DESCRIPTION : Long. 16-21 mill.; larg. 9 1/2 - 12 mill. — D'un noir intense, assez brillant, en ovoïde allongé ; déprimée sur le dos des élytres, assez brusquement déclive en arrière.

Tête ponctuée, rugueusement, en avant, et assez densément et fortement sur le front, et quelquefois jusque sur le vertex. Sillon interantennaire nul, ou peu marqué. Labre petit, légèrement convexe, couvert de points serrés, sétifères, subsinué et cilié de fauve, en avant. Menton fortement échancré, grossièrement ponctué. Antennes courtes, hispides, dépassant un peu, en arrière, la base du pronotum, à articles 4-8 subégaux, 9e plus épais, au moins aussi large à l'extrémité que long ; 10e très conrt, transversal.

Pronotum court, à bords antérieur et postérieur subsinués ; angles antérieurs peu saillants ; angles postérieurs presque nuls, indiqués seulement par une légère sinuosité du bord latéral. Bords latéraux fortement arrondis : le pronotum n'est pas plus large en arrière qu'en avant, et sa plus grande largeur est située soit au milieu, soit un peu en avant du milieu de sa longueur. Dos du pronotum lisse au milieu, avec quelques points disséminés, assez marqués, et quelques petites granulations disséminées, en avant. Parties latérales couvertes, assez largement et densément, de petites granulations peu saillantes.

Ecusson petit, en triangle presqu'équilatéral.

Arrière-corps en ovale, assez régulier, à peine plns large à la base que la base du pronotum, subdéprimé sur le dos, assez brusquement déclive en arrière. Elytres couvertes en totalité, et densément, de granulations arrondies, assez fortes, plus ou moins confluentes, de manière à former, excepté tout à fait en arrière, des sortes de bourrelets tuberculeux, irréguliers, plus ou moins transversaux et obliques. Côtes dorsales nulles, ou à peine indiquées (le plus souvent en arrière seulement), par quelques granulations en séries longitudinales. Côte latérale habituellement marquée, dans le dernier tiers seulement, par des granulations plus saillantes; côte marginale très peu marquée, souvent nulle, dans le tiers moyen, composée, comme les autres, d'une série de tubercules(1), qui se confondent avec ceux des élytres : les rebords de la suture sont, également, granuleux dans le tiers postérieur.

Abdomen couvert, assez densément, de granulations triangulaires, aplaties, entremêlées de points.

Tibias antérieurs terminés, en dehors, par une apophyse forte, mousse à l'extrémité. Les tibias intermédiaires sont étroits, et assez fortement canaliculés; les tibias postérieurs sont encore plus étroits et moins profondément creusés.

Patrie : Espagne mér. ; Malaga.

Assez répandue dans les colleetions; ne peut être confondue qu'avec les *P. variolosa* et *maura*.

Elle diffère de la *P. variolosa* par la ponctuatinn plus forte du front, par les antennes plus courtes et à articles moins allongés, surtout le 9ᵉ, par la forme du pronotum, plus court et plus rétréci en arrière, au lieu d'être élargi, par la granulation plus étendue des côtés du pronotum, et par la ponctuation et la granulation différentes de sa partie dorsale moyenne, par la forme différente de l'arrière-corps moins cordiforme et à déclivité postérieure plus brusque, par la granulation plus forte et plus confluente des élytres, par sa côte marginale moins marquée, et souvent presque nulle au milieu, par se côte latérale un peu plus constante et un peu plus saillante, etc., etc. — Pour les différences qui la distinguent de la *P. maura*, v. p.67.

105. P. cribra Sol. l, c. p. 151. — Kr. l. c. p. 319-329.

   Var. A (*elevata*, mihi).

Diagnose Sol. — *Nigra, ovalis, oblonga, supra convexa. Capite punctulato. Prothorace lato, medio dorsi lævissimo, lateribus tuberculis parvis. Elytris dense, confuse tuberculatis; singula costis quatuor parum prominulis, crenatis; sutura costiformi, subintegra, postice tuberculata. Tibiis posticis longis, angustatis.*

Description : Long. 13-17 1/2 mill.; larg. 7 1/2-11 mill. — En ovale allongé, d'un noir brillant, mais paraissant, à l'œil nu, mate sur les élytres, en raison de la granulation.

---

(1) Chez quelques individus, on voit des granules noirs, de petite taille, disséminés entre ces tubercules.

 S.-G. PIMELIA.

Tête à ponctuation écartée, parfois un peu plus petite, en arrière. Bord antérieur, ordinairement, lisse, ou avec une rangée obsolète de gros points rugueux sur le bord. Sillon interantennaire marqué; labre lisse, avec le bord assez étroitement ponctué sur le pourtour, cilié, obsolètement, de poils courts d'un fauve doré, en avant, noirâtres sur les côtés. Menton petit, nettement échancré, peu distinctement ponctué. Antennes dépassant, un peu, la base du pronotum, robustes, à articles épais; 8ᵉ plus petit, aussi long que large; 9ᵉ un peu plus large que long, 10ᵉ et 11ᵉ plus courts, ce dernier d'un blanc jaunâtre.

Pronotum court, large, ayant son maximum de largeur au-delà du milieu. Bord antérieur trisinué, avec les angles antérieurs très légèrement saillants, en dehors. Bord postérieur plus large; angles postérieurs très obtus, souvent peu indiqués. Bords latéraux arrondis, à peine rentrants en arrière. Milieu du disque très finement granulé en avant et en arrière, et quelquefois même au milieu, très finement pointillé çà et là, et paraissant, le plus ordinairement, lisse à l'œil nu. Sur le milieu du disque, une forte impression transversale, obsolète, dont il ne reste, le plus souvent, qu'une fovéole de chaque côté. Les côtés du pronotum sont couverts d'une granulation peu serrée, de moyenne grosseur. Ecusson triangulaire, petit, marqué, souvent, d'une encoche au milieu de sa branche transversale, en arrière.

Arrière-corps en ovale, convexe; sa courbe, vue de profil, continue assez exactement celle du pronotum; il est atténué postérieurement, un peu plus large à la base que la base du pronotum. Les élytres sont couvertes de replis tuberculeux, très serrés, et très saillants, transversaux. Dans les intervalles internes, les tubercules, qui forment ces bourrelets transversaux, sont peu distincts; ils le deviennent beaucoup plus, en diminuant de grosseur, dans la partie externe et postérieure de l'élytre. Suture élevée, à rebords tuberculeux, surtout en arrière. Les deux côtes dorsales, dont la première est habituellement plus prolongée en avant, sont tuberculeuses antérieurement, crénelées en arrière, où elles n'ont aucune tendance à se réunir; la 1ʳᵉ dorsale se réunit, ou tend à se réunir, à la côte latérale; en avant, elles disparaissent et se confondent avec les tubercules des intervalles. Il en est de même de la latérale. Toutes trois sont élevées, et également saillantes, en arrière. La côte marginale est formée de crénelures granuleuses, serrées, et n'est un peu indistincte que tout à fait à la base de l'élytre. Flancs couverts, densément, de granulations saillantes, de rides transversales. Abdomen finement alutacé, avec des tubercules squamiformes aplatis, assez grands et triangulaires, mais qui manquent, parfois, ou qui sont, quelquefois, entremêlés de points.

Tibias antérieurs élargis à l'extrémité, terminés extérieurement, par un prolongement très variable, suivant les individus. Tibias intermédiaires profondément creusés, en gouttière, sur la face dorsale.

Les tibias postérieurs sont simplement aplatis. Ils sont assez longs et non élargis.

Patrie : Iles Baléares : Minorque, Majorque.

Var. A. *elevata*. Cette variété, dont on pourrait être tenté de faire une espèce particulière, et qui avait été considérée comme telle par M. Perez Arcas (in coll.), est remarquable par ses côtes très grosses, lisses, presqu'aussi fortes que celles des exemplaires les plus caractérisés, à cet égard, de la *P. bætica*. La sculpture des intervalles, analogue à celle des exemplaires typiques, est également plus forte, plus élevée.

Elle paraît être commune dans l'île d'Iviça (une des petites Baléares). Elle existe également dans les Iles Columbretes, situées entre les Baléares et la côte d'Espagne. Des exemplaires provenant de Valence, et rapportés par M. Perez Arcas, à cette même espèce, nous paraissent établir une forme intermédiaire entre le *P. cribra* et la *P. bætica*, var. *distincta*.

Coll. du Museum de Madrid ; Coll. Sédillot ; la mienne.

106. P. interjecta Sol. Ann. Fr. 1836. p. 152.

Syn. : *cribra*. var. *interjecta*. Kr. Rv. d. Ten. p. 319.

Diagnose Sol. — *Nigra, ovalis, supra depressa. Capite ante transversim impresso. Prothorace postice leviter angustato, dorso lævissimo, lateribus tuberculis parvis, rotundatis. Elytris tuberculis mediocribus, rugis transversim junctis; medio antice obliteratis, minoribus sparsis intersertisque; singula costis quatuor, parum prominulis, dentatis. Tibiis posticis crassiusculis, supra angustis.*

Description [1] : Long. 16 mill. ; larg. 9 mill. — En ovale assez régulier, déprimée en dessus, plus brillante sur le pronotum que sur les élytres.

Tête assez fortement granulée et inégale au devant des yeux et, entre ceux-ci, presque lisse et à ponctuation effacée, postérieurement. Labre granulé. Menton grand, rugueusement ponctué, peu profondément échancré. Impression interantennaire assez profonde, mais mal limitée. Antennes débordant, sensiblement, en arrière, la base du pronotum, à articles assez épais, diminuant de longueur du 3e au 8e; le 9e article est à peu près de même longueur que le 8e, un peu plus large, un peu plus long que large à l'extrémité. Palpes à dernier article court, d'un fauve clair.

---

[1] Description de l'individu unique, type de Solier, faisant partie de la collection de Marseul.

Pronotum deux fois plus large que long ; il est à peu près de même largeur en avant et en arrière, fortement arrondi latéralement, avec sa plus grande largeur un peu en arrière du milieu de la longueur. Bord antérieur légèrement trisinué, avec les angles antérieurs, courts, peu aigus. Angles postérieurs, arrondis, nuls. Le milieu du disque est très lisse, les côtés sont couverts, densément, de très petites granulations, peu saillantes. Ecusson en T renversé.

Arrière-corps de la largeur de la base du pronotum, mais paraissant un peu plus large à l'épaule, par une très légère saillie du rebord supérieur de l'épipleure, qu'on aperçoit, un peu, en regardant, directement, de haut en bas. De là, l'arrière-corps s'arrondit régulièrement et s'atténue un peu plus fortement en arrière ; il est déprimé en dessus, et ne continue pas la courbe du pronotum, vue latéralement. Les élytres sont couvertes, sur le disque, de plis irrégulièrement transversaux, formés par des granulations tuberculeuses, réunies transversalement. Ils sont peu serrés, et entremêlés, partout, de petits granules. Le 4ᵉ intervalle et les flancs sont couverts d'une granulation double, fine, et non réunie. Côte marginale crénelée, à crénelures un peu saillantes, en arrière ; la côte latérale et les deux côtes dorsales sont tuberculeuses : la 1ʳᵉ, plus saillante et mieux marquée ; les deux dorsales sont peu distinctes des granulations du fond de l'élytre ; on peut, néanmoins, les suivre jusqu'au voisinage de la base. Elles se réunissent postérieurement. Abdomen couvert, assez densément, de tubercules squamiformes, triangulaires, aplatis.

Tibias antérieurs fortement élargis, en un prolongement externe, mousse au sommet. Tibias postérieurs médiocrement grêles sur la face dorsale, moins profondément creusés que les intermédiaires.

Patrie inconnue.

Cette espèce, réunie par M. Kraatz à la *P. cribra* Sol., nous paraît devoir en être séparée. La tête est moins granuleuse et ponctuée, les articles des antennes sont moins courts, et le 9ᵉ est encore un peu plus long que large à l'extrémité. Le pronotum est à peu près aussi large en avant qu'en arrière, beaucoup plus lisse et non distinctement granuleux et ponctué dans son tiers moyen. Les granulations des côtés sont bien plus serrées et beaucoup plus fines. La courbe formée par l'arrière-corps, vue de profil, continue à un degré moindre celle du pronotum. Les élytres sont plus déprimées en dessus. Leur sculpture est différente, tant en dessus que sur les flancs, les granules interposés aux plis et aux granulations n'existent pas dans la *cribra*, la côte latérale est plus saillante, et mieux marquée que les côtes dorsales. La granulation de l'abdomen est plus dense, etc., etc.

La *P. interjecta* se rapproche, à notre avis, beaucoup plus de la suivante, qui n'en est peut être qu'une variété.

107. **P. integra** Rosenh. Thiere Andalus. Erlangen. 1856. p. 190. —
(Sol. in litt.) — Kr. l. c. p. 320. 329.

DIAGNOSE Rosenh. — *Breviter ovata, nigra, opaca; capite antice
punctato; prothorace brevi, transverso, medio sublævi. parum
punctato, lateribus tuberculato; elytris tuberculis multis, transversim junctis, densius seriebusque quatuor, bene conspicuis, tectis,
prima marginalique integris, duabus mediis antice obliteratis;
tibiis posticis supra subangustis.*

DESCRIPTION (1) : Long. 16 1/2 mill.; larg. 8 1/2 mill. — Presque
mate sur l'arrière-corps, brillante sur le prothorax, en ovale allongé,
lègèrement convexe en dessus.

Tête rugueusement ponctuée, en avant, jusqu'à l'intervalle interantennaire inclusivement, avec des granulations disséminées et mê-
lées de points fins sur le vertex. Labre rugueux, à peine sinué et cilié
de fauve, en avant. Menton largement et peu profondément échancré,
à ponctuation forte, et sétigère. Antennes dépassant la base du pronotum, à articles hispides, épais; 8e et 9e articles de même longueur,
ce dernier élargi plus fortement, à peu près aussi large à l'extrémité
que long.

Pronotum deux fois plus large que long, trisinué en avant, et en
arrière; angles antérieurs saillants, seulement en dehors; angles postérieurs obtus, peu marquée. Côtés assez fortement arrondis, en
avant, rentrants et plus droits, en arrière, où le pronotum est sensi-
blément de même largeur qu'en avant. Il est convexe en-dessus;
lisse avec quelques granulations disséminées au milieu du disque,
assez densément et un peu plus fortement granulé sur les côtés : sa
plus grande largeur est à peu près au milieu de sa longueur. Ecusson
transversal, lozangique.

Arrière-corps un peu plus large, à la base, que la base du pronotum,
en ovale allongé, subconvexe en-dessus, mais un peu déprimé au
milieu du dos. Elytres couvertes, dans toute leur superficie, de petits
tubercules subtriangulaires, assez serrés, réunis plus ou moins en
séries transversales, sans granules entremêlés. La première côte dorsale est entière, ou presqu'entière, formée de crénelures allongées,
plus saillantes et denticulées, en arrière. La 2e côté dorsale et la côte
latérale sont rarement indiquées dans la première moitié de l'élytre,
surtout la latérale, qui est encore plus raccourcie en avant. Les deux
dorsales tendent à se réunir, en arrière. La côte marginale, est partout, finement crénelée, formée de granulations pressées. Flancs
parsemés de granulations triangulaires, moins fortes et moins ser-

---

(1) Description faite sur deux individus provenant de Rosenhauer lui-même, et
faisant partie de la collection de Marseul.

rées que dans le 4e intervalle. Abdomen couvert d'une granulation squamiforme triangulaire, assez dense.

Dent terminale externe des tibias antérieure forte, longue, non aigue. Tibias intermédiaires et postérieurs cannelés assez profondément.

Patrie : Espagne : Ronda ; sous les pierres. Commune.

Cette espèce se rapproche beaucoup de la précédente. Elle en diffère par sa tête, moins lisse, le pronotum trisinué, en arrière, moins lisse, plus rétréci postérieurement, à côtés moins régulièrement arrondis, et ayant sa plus grande largeur au milieu de la longueur, au lieu de l'avoir au-delà du milieu. Vue de profil, la courbe du dos est presque convexe au lieu d'être manifestement déprimée. Les côtes 2e dorsale et latérale sont raccourcies en avant. Les granulations des élytres sont moins réunies latéralement, plus grosses et non entremêlées de granules, semblables, dans le 4e intervalle, à celles du dos des élytres, enfin la granulation du dessous de l'abdomen est plus serrée.

Malgré ces différences, la *P. integra* Ros. pourrait bien n'être qu'une forme distincte de la *P. interjecta* Sol. Il serait utile, pour décider la question, d'avoir sous les yeux un nombre plus considérable d'individus des deux espèces. Peut-être trouverait-on des passages entre les deux.

108. P. Villanovæ n. sp. (Perez. Arc. in coll.)

DIAGNOSE. — *Nigra, subnitida, oblongo, ovata. Caput sparsim punctulatum, ante grossius. Labrum postice læve, ante rugoso-punctatum. Antennæ crassæ, thoracis basin superantes, articulo nono, haud longitudine latiore. Pronotum ante leviter, postice valde, trisinuatum, in disco medio vix conspicue punctatum, latera versus haud dense granulatum. Elytra tuberculis sat validis, disjunctis, rarius transversim cœuntibus tecta, granulis aliquot minutissimis, intersertis. Costæ dorsales ambo e tuberculis paulo majoribus formatæ, usque ad basin perpicuæ, secunda dorsali costa postice laterali, nec primæ, juncta. Abdomen subtus nitidum, granulatum, antrorsum densius. Tibiæ anticæ extus valido, muticoque dente terminatæ : posteriores autem, in dorso tenues.*

DESCRIPTION : Long. 18 1/2 mill.; larg. 10 mill. — En ovale allongé, assez large au milieu de l'arrière-corps, d'un noir peu brillant.

Tête finement et peu densément ponctuée sur le front, avec quelques petites granulations sur les côtés, assez fortement, mais peu densément, ponctuée en avant de l'impression interantennaire, qui est plus ou moins marquée. Labre rugueusement ponctué en avant, lisse et brillant en arrière. Menton ponctué, à échancrure antérieure bien marquée, mais peu profonde. Antennes robustes, dépassant, en arrière, le bord postérieur du pronotum, à articles cylindriques, assez épais ; le 9e est à peu près aussi large, à l'extrémité, que long. Palpes d'un brun foncé brillant.

Pronotum deux fois, environ, plus large que long, trisinué faiblement en avant, très finement en arrière, régulièrement arrondi sur les côtés. Angles antérieurs courts, peu marqués ; angles postérieurs arrondis, à peine indiqués. Superficie lisse, au milieu, couverte de points à peine visibles et très écartés ; les côtés présentent des granulations peu serrées et peu saillantes. Sur le milieu du disque, on voit les vestiges d'un sillon médian et une dépression transversale médiane, obsolète, et dont il ne reste, parfois, que des fossettes latérales simples ou géminées. Ecusson en T renversé, de largeur variable.

Arrière-corps à peine plus large que la base du pronotum à sa base, avec le rebord supérieur de l'épipleure légèrement visible d'en haut, à l'épaule. Il s'élargit en ovale régulier, atténué plus fortement en arrière. Elytres faiblement déprimées sur le dos, évidées à la base, progressivement déclives en arrière. Elles sont couvertes de tubercules de grosseur moyenne, émoussés, rapprochés et, parfois, bigéminés latéralement, un peu plus faibles dans le 4e intervalle ; ces tubercules sont placés sur le fond mat de l'élytre, avec quelques petits granules interposés, surtout en avant. Les deux côtes dorsales formées, comme la latérale, de tubercules alignés, écartés, à peine plus forts que ceux des intervalles, peuvent être suivies jusqu'à la base. La deuxième dorsale se réunit, en arrière, à la côte latérale, et non à la première dorsale. La côte marginale est formée d'une rangée de tubercules, arrondis, juxtaposés, plus forts en arrière, mais toujours notablement moins gros que ceux de la côte latérale. Les flancs sont parsemés de tubercules triangulaires, de même grosseur que dans le 4e intervalle, avec des granules beaucoup plus nombreux qu'en dessous. Abdomen brillant, couvert de tubercules, formant une granulation rugueuse sur les segments antérieurs, moins serrée sur les derniers segments.

Tibias antérieurs ayant une dent externe prolongée, forte, habituellement peu aiguë. Tibias postérieurs de largeur ordinaire sur leur face dorsale, qui est moins profondément creusée que dans les tibias intermédiaires. Quatre tarses postérieurs à articles grêles, allongés, triangulaires.

Patrie : Alhama (prov. de Grenade).

Trois exemplaires identiques de cette espèce dans la collection du Museum de Madrid (ex coll. Perez Arcas).

Cette espèce diffère des *P. integra* Rosenh. et *interjecta* Sol., près desquelles elle se place, par sa taille notablement plus grande, par les tubercules élytraux plus forts séparés transversalement, par ses côtes dorsales et latérales entières, au lieu d'être raccourcies antérieurement, etc., etc.

109. P. castellana Per. Arc. Ins. Nuev. 1885. p. 15. — Abeille. t. XII. p. 98. n° 77.

DIAGNOSE Per. — *Nigra, subnitida, rotundato-ovata, supra subdepressa. Capite punctato : antennis brevibus, apicem versus incrassatis, articulis nono decimoque transversalibus. Prothorace medio supra sublævi, minutissime punctulato, parvis a lateribus granulis, sat dense obsito. Elytris rotundato-elongatis, costis, tribus antrorsum plus minusve abbreviatis, aut evanescentibus, postice coëuntibus, instructis. Interstitiis tuberculis transversim junctis, inæqualibus, confusis, intus subobliteratis, tectis. Elytrorum latera sat dense granulis inæqualibus tecta. Abdomine subtus minutissimis recumbentibusque pilis vestito, parce granulato. Tibiæ anticæ maximo acutoque dente armatæ, posticorum quatuor dorso canaliculato, medio profundius.*

DESCRIPTION : Long. 16-18 mill. ; larg. 9 1/2-11 1/2 mill. — D'un noir assez brillant, en ovale large, assez convexe sur le dos des élytres.

Tête ponctuée, assez fortement et assez densément, jusqu'au niveau de la partie postérieure des yeux. Sillon interantennaire bien marqué ; il existe, parfois, une autre dépression transversale sur le front. Labre court, brunâtre, brillant, finement ponctué, cilié de brun fauve. Menton finement rebordé, rugueusement, mais assez finement, ponctué, à échancrure antérieure petite, mais souvent prolongée, en arrière, par un sillon plus ou moins étendu. Antennes brunâtres, robustes, à articles épais ; le 9e presque en carré. Elles dépassent, en arrière, souvent notablement, la base du pronotum. Palpes d'un noir brunâtre brillant, à dernier article plus petit que le précédent, ovalaire, subtronqué à l'extrémité.

Pronotum un peu plus de deux fois plus large que long, à bord antérieur légèrement trisinué, avec les angles antérieurs un peu saillants en avant ; bord postérieur coupé presque en ligne droite, à peine un peu plus large que l'antérieur. Côtés arrondis, avec la plus grande largeur du pronotum un peu après le milieu de la longueur. Angles postérieurs arrondis, à peine indiqués. Milieu du disque mat, finement et peu densément ponctué, avec les vestiges d'un sillon longitudinal médian, et une dépression transversale dont il ne reste, le plus souvent, que deux fossettes latérales. Les côtés du pronotum sont assez densément couverts de petites granulations, qui ne dépassent guère, en dedans, le niveau du bord interne des yeux. Pros-

ternum court, sillonné et réfléchi en haut, à son èxtrémité postérieure. Ecusson petit, triangulaire, brillant.

Arrière-corps, à la base, de même largeur que la base du pronotum,
s'arrondissant rapidement aux épaules, pour former un ovale large
et régulier, à peine convexe, subdéprimé en dessus. Il est couvert de
granulations inégales, parfois très serrées, légèrement oblitérées
dans la partie antérieure du 2ᵉ intervalle, et dans le 1ᵉʳ intervalle,
où ces granulations forment de petites rides transversales, effacées,
de chaque côté de la suture. Celle-ci est rebordée, peu élevée, avec
de légères crénelures, surtout en arrière. 1ʳᵉ côte dorsale fine, crénelée, parfois presque lisse, et plus saillante postérieurement;
2ᵉ dorsale commençant, en avant, plus loin de la base, et se terminant avant la 1ʳᵉ, à laquelle elle tend, quelquefois, à se réunir. Elle
est formée de crénelures souvent écartées, et est presque toujours plus saillante, en arrière, que la 1ʳᵉ. Côte latérale commençant à une certaine distance de la base, crénelée dans toute son
étendue, recevant, en arrière, la terminaison de la 1ʳᵉ dorsale. Côte
marginale entière, à crénelures simples, serrées; elle se termine
assez brusquement, en arrière, avant la côte latérale. Les flancs sont
granulés, comme le dessus de l'élytre, mais un peu plus finement.
Abdomen finement, densément ou, parfois, rugueusement granulé,
avec une pubescence couchée, fine, caduque.

Tibias antérieurs élargis, avec une dent terminale externe, très
forte, recourbée, peu aiguë. Tibias intermédiaires et postérieurs
assez grêles, creusés assez nettement sur la face dorsale. Quatre
tarses postérieurs triangulaires, étroits, allongés.

Patrie : Espagne : Madrid, Escorial.

110. **P. rugulosa** Germ. Ins. Spec. nov. p. 134. — Sol. Ann. Fr. 1836.
p. 155. — Kr. Rv. d. Teneb. p. 335-340. — Etc.

Var. A. Sol. Ibid. — *Costis obliteratis, sculptura confusa.*
Var. B. (*bifurcata* Sol. Ibid. p. 157.) — *Jan Cristofori* (in litt.)

Diagnose Sol. — *Nigra, ovalis, dorso depressa. Capite punctato.
Prothorace postice angustato, lateribus tuberculato, medio dorsi
punctulato. Elytris lateribus angulatis, transversim dense et confuse rugatis, subtuberculatis punctatisque. Singula costis quatuor
crenatis; dorsalibus duabus ante subobliteratis, postice junctis. in
unica prolongatis; laterali marginalique subapproximatis. Tibiis
posticis dorso angustatis.*

Description : Long. 16-20 mill.; larg. 9 1/2-12 mill. — D'un noir
médiocrement brillant, en ovale court, parfois suborbiculaire; plus
ou moins déprimée en dessus.

Tête à ponctuation très écartée, forte en avant, très fine en arrière.

6

Impression interantennaire marquée : il en existe souvent une deuxième, réduite parfois à deux fovéoles latérales, sur le front. Labre très superficiellement ponctué. Menton fortement échancré, finement rebordé, peu ponctué. Antennes robustes, courtes ; 9e article à peu près aussi large que long.

Pronotum transversal ; vu d'en haut, il paraît aussi large en arrière qu'en avant. Bords postérieur et antérieur faiblement trisinués. Angles antérieurs courts, aigus. Angles postérieurs obtus, habituellement, assez marqués. Bords latéraux régulièrement arrondis, avec la plus grande largeur du pronotum au milieu de la longueur. Disque lisse, avec des petits points écartés, ou presqu'imperceptiblement granulé. Dépression médiane transversale, obsolète, dont il ne reste souvent que les deux extrémités, sous forme de fovéoles latérales : granulation des côtés du pronotum peu serrée, de moyenne grandeur, aplatie. Ecusson petit, en triangle isocèle.

Arrière-corps à peine plus large, en avant, que la base du pronotum, ovalaire, court, plus ou moins suborbiculaire, fortement déclive en arrière, déprimé en avant sur le dos des élytres, et plus fortement dans les exemplaires de grande taille. Deux côtes dorsales presque lisses, plus ou moins saillantes, souvent déformées par les rugosités des intervalles, et naissant, en avant, à une distance plus ou moins grande de la base de l'élytre. En arrière, elles se réunissent, et la côte unique, qui en résulte, va rejoindre la côte latérale. Celle-ci est beaucoup plus rapprochée de la côte marginale que de la 2e dorsale, elle est granuleuse, tout à fait en avant, où elle se confond avec les tubercules des intervalles, puis à crénelures très allongées, ce qui la fait paraître lisse et entière, crénelée plus fortement en arrière, où elle se réunit à la côte marginale, après avoir reçu la branche inférieure de l'Y formé par les côtes dorsales à leur extrémité ; côte marginale finement crénelée. Intervalles couverts de tubercules réunis transversalement en rugosités épaisses, laissant entre elles des lacunes et des points enfoncés, assez forts. Flancs des élytres très brillants, densément couverts de tubercules triangulaires, entremêlés de rides transversales. Dessous de l'abdomen ponctué, avec des granulations triangulaires, oblitérées, plus ou moins serrées.

Tibias antérieurs courts, fortement triangulaires, avec une dent terminale externe, très longue, étroite, peu aiguë à l'extrémité. Tibias postérieurs droits, assez profondément canaliculés, mais moins que les tibias intermédiaires. Tarses postérieurs et intermédiaires triangulaires, assez allongés, peu dilatés transversalement.

Patrie : Italie : Sardaigne, Sicile, Naples. Très commune à Pompéi (E. Olivier) ; Stromboli (Blanchard).

La var. A., par son arrière-corps plus déprimé. et ses côtes, et sa sculpture effacée, ressemble un peu à la *P. Sardea* (var. *subscabra*).

La position de la côte latérale, placée beaucoup plus près et au-dessus de la côte marginale, dans cette dernière espèce, empêchera toute confusion. On la confondrait, plus facilement, avec les individus de la *P. Payraudi*, mais la forme de l'arrière-corps permet d'éviter cette erreur. Dans la *P. Payraudi*, il est, en effet, plus court, plus orbiculaire, et bien plus rapidement élargi à partir des épaules.

Nous rapportons à cette variété des individus remarquables, par la forme un peu plus courte de l'arrière-corps, qui est un peu plus convexe que dans le type, par la granulation effacée des intervalles, et, surtout, par le rétrécissement un peu plus marqué du pronotum, en arrière. Ces individus proviennent de l'île de Malte. 6 exemplaires dans notre collection.

La var. B. (*bifurcata* Sol.) se reconnaît à sa taille plus grande et à la saillie plus prononcée des côtes élytrales.

111. **P. Payraudi** Latr. Regn. anim. 2ᵉ édit. v. p. 7. — Sol. l. c. p. 168. — Kr. l. c. p. 335 - 352.

Var. A. Sol.
Var. B. (*P. rugatula* Sol.) l. c. p. 159. — Kr. l. c. p. 336 - 352. — Syn. : Var. A. Kr. l. cit.
Var. C. (*P. angusticollis* Sol.) l. c. p. 163. — Kr. l. c. p. 348 - 352.
Var. D. — Syn. : var. B. Kr. l. cit.

Diagnose Sol. — *Nigra, ovalis, aliquando suborbicularis, supra depressa. Capite punctato. Prothorace postice angustato, lateribus tuberculato. Elytris lateribus angulatis, transversim laxe rugatis, lateribus posticeque laxe et acute tuberculatis, punctis impressis sparsis, intersertis; rugis tuberculisque prope scutellum obliteratis. Costis marginali lateralique prominentibus; dorsalibus haud prominulis. Tibiis posticis supra angustatis.*

Description : Long. 13 - 18 1/2 mill.; larg. 8 1/2-12 mill. — En ovale court, atténué en arrière, et à arrière-corps parfois suborbiculaire ou fortement cordiforme, plus ou moins déprimé en dessus.

Tête ponctuée finement sur le vertex, plus fortement sur le front et la partie antérieure. Labre petit, assez densément ponctué, en avant, où il est cilié de fauve doré. Menton presque lisse, avec des granulations espacées ou des points peu marqués. Antennes dépassant, en arrière, la base du pronotum, à articles 4-8 assez épais ; 9ᵉ article fort, carré, au moins aussi large, à l'extrémité, que long.

Pronotum deux fois, au moins, plus large que long. Les bords antérieur et postérieur trisinués, ce dernier plus faiblement, sensiblement de même longueur. Angles antérieurs petits, bien marqués, postérieurs obtus, presque nuls ; bords latéraux arrondis également, la plus grande largeur du pronotum étant au milieu. Superficie du pronotum lisse, finement ponctuée au milieu, avec quelques faibles granulations sur les côtés. On trouve, sur le pronotum, trois impressions transversales, obsolètes : l'antérieure est plus constante ; celle du milieu est plus profonde, souvent oblitérée au milieu ; elle se réduit alors à deux fossettes latérales, et manque rarement tout à fait.

Elytres couvertes de bourrelets tuberculeux, plus ou moins effacés, et presque toujours oblitérés au voisinage de l'écusson ; ils sont entremêlés de points. Sculpture des élytres et côtes très variables. La côte marginale crénelée et la latérale formée de crénelures allongées ou de tubercules, sont plus saillantes. Les côtes dorsales sont habituellement presque oblitérées et ne tendent pas à se réunir en arrière. Flancs assez densément, plus ou moins fortement, granulés, avec des rides transversales. Abdomen ordinairement couvert de petites granulations triangulaires très aplaties, plus ou moins confluentes et, parfois, entremêlées de points très fins.

Tibias antérieurs terminés, en dehors, par une dent forte, peu aiguë. Tibias intermédiaires étroits sur le dos, et canaliculés. Les tibias postérieurs plus étroits encore, sont plutôt déprimés que creusés.

Patrie : Corse. Commune. Sardaigne. — Types de Solier ; coll. de Marseul.

Cette espèce est très variable ; nous nous bornerons à signaler ici quatre de ses variétés : on pourrait en multiplier le nombre à l'infini.

Var. A. Sol. (nec Kr.), comprend les individus chez lesquels les élytres sont lisses et présentent, surtout, des points enfoncés ; rides tuberculeuses très effacées.

Var. B. (*P. rugatula* Sol.), que l'auteur supposait déjà n'être qu'une variété et que M. Kraatz a réunie définitivement à la *P. Payraudi*. Dans cette variété, les élytres sont couvertes de plis moins saillants, effacés, les tubercules manquent ; les côtes dorsales sont légèrement indiquées. — Corse.

Var. C. (*P. angusticollis* Sol.) — Il n'y a pas de doutes sur cette réunion. Nous en avons sous les yeux le type unique. Cette variété est constituée sur des individus de petite taille, à arrière-corps plus élargi en avant, et suborbiculaire ; le pronotum est relativement plus étroit. Les côtes dorsales, plus marquées, se terminent, en se réunissant, en arrière. Cette variété a, en général, la sculpture des élytres peu saillante. M. Kraatz, nous ne savons trop pourquoi, se refuse à admettre la Corse comme patrie de cette Pimelia, qu'il conserve comme espèce distincte. Sur un grand nombre de Pimelia de Corse, communiquées par M. Kosiorowicz, nous avons pu constater tous les passages entre la *P. angusticollis* type et la *Payraudi*. Elle paraît exister en Sardaigne, également, bien que nous n'en ayons pas vu de cette localité. (Dr Staudinger.)

Var. D. — Variété à rugosités élytrales saillantes, et à côtes dorsales marquées, et réunies, le plus souvent, en arrière, comme dans la var. C. et, souvent, dans la *P. Payraudi* typique, à côtes dorsales plus marquées. C'est la var. B. de M. Kraatz. Elle est assez souvent de taille un peu forte. Elle se trouverait en Sardaigne et en Corse.

Toutes ces variétés se relient, entre elles, par des formes intermédiaires : lorsqu'on a sous les yeux un grand nombre d'individus et les types de Solier [1], la réunion de toutes ces formes ne saurait faire de doutes.

Cette espèce est très commune en Corse. Sur un nombre considérable d'individus de cette provenance, nous n'avons trouvé que la *P. Payraudi*, ses variétés et la *P. bipunctata*. La *P. Sardea* et même sa variété *corsica*, de Sol., faisaient entièrement défaut. Nous n'en avons jamais vu provenant de Corse. Cette circonstance nous fait douter beaucoup de la présence de la *P. Sardea* en Corse ; aussi croyons-nous devoir rapporter à la *P. Payraudi* la larve décrite par Perris et qu'il rapporte à la Pimelia *Sardea*. En voici la description :

Larve : E. Perris. Larves de Col. 1877. p. 258. Long. 23-25 mill. — Hexapode, demi-cylindrique, à cause de l'aplatissement dé la région ventrale, d'un roux jaunâtre, de consistance un peu parcheminée, plutôt que subcornée, hérissée, en dessus et sur la poitrine, de poils blonds nombreux et inclinés en arrière ; dernier segment un peu concave, ayant la lisière couverte de petites spinules, et un peu repliée eu dessous. Tête postérieurement ferrugineuse, large, transversale, très peu convexe, parsemée de gros points enfoncés, avec des espaces lisses, munie de poils blonds, clairsemés en dessus, très touffus sur les côtés. Bord antérieur largement échancré, avec un rang de poils dressés. Epistome court, trois fois aussi large que long, tuméfié, muni de deux rangs transversaux de soies longues et rigides, arquées, les antérieures un peu en avant, les autres un peu en arrière. Mandibules noires, assez courtes, larges, formant, lorsqu'elles sont fermées, un arc régulier, surbaissé, planes et rugueuses en dessus, avec une profonde excavation le long du bord interne, qui est presque tranchant, hérissées de soies blondes et serrées sur leur tiers latéral postérieur. Palpes maxillaires de trois articles, le premier le plus court, le second le plus long. Palpes labiaux de deux articles, le premier, double, ou peu s'en faut, du second. Antennes de quatre articles, le premier gros et court, le second double du troisième et, comme lui, un peu en massue, le quatrième très grêle, susceptible de rentrer presqu'entièrement dans le précédent, et terminé par un poil. Pas de traces d'ocelles. Corps conformé comme dans la larve des *Tentyria*, mais plus large, sa surface lui-

---

(1) Le type de *P. rugatula* Sol. manque dans la collection de Marseul.

sante et vaguement réticulée. Dernier segment un peu plus large, à la base, que long, au milieu ; concavement déclive à partir de la base, très arrondi postérieurement, mais pourtant un peu en ogive, couvert, dans son pourtour, et sur une petite largeur, de spinules très serrées et obtuses. Bord non tranchant, émoussé et frangé de longues soies blondes, serrées et dirigées en arrière. Face inférieure peu concave, pour loger le mamelon anal, qui l'occupe presque tout entière et qui est terminé par deux lobes épais et hérissé de soies épineuses. Stigmates comme dans les larves précédentes (*larves d'Asida*). Pattes inégales, les antérieures plus longues et beaucoup plus robustes que les autres. Tibias de la longueur de la cuisse ; ongle plus court et en demi-fer de flèche. Des poils blonds sur la hanche et le trochanter, plus touffus dessus et dessous la cuisse et le tibia, ceux de dessous entremêlées de spinules ; les autres pattes, velues en dessus, ayant des soies spiniformes en dessous ; leur ongle aussi en demi-fer de flèche, mais bien plus petit.

Je tiens cette larve de M. E. Revelière, qui l'a trouvée dans les sables maritimes, à Porto-Vecchio.

112. **P. Sardea** Sol. l. c. p. 164. — (Mouxi Deloche. Dj. Cat. 2ᵉ édit. p. 197.) — Kr. l. c. p. 337 et 347. — Syn. : *P. rugosa* Dahl. — *P. corrugata* Ziegl. (ex. Cat. Munich).

Var. A. Sol. — *Elytris medio dorsi subplanatis, costa prima postice vix conspicua.*

Var. B. Sol. (*corsica*).

Var. C. — *P. Goryi* Sol. l. c. p. 162. — Kr. l. c. p. 337. 337.

Var. D. — *P. subscabra* Sol. l. c. p. 160. — Kr. l. c. Ibid.

Var. E. — *P. sublævigata* Sol. l. c. p. 154. Ib.

Diagnose Sol. — *Nigra, ovalis, subparallela, convexiuscula aut supra vix planata. Elytris lateribus angulatis, transversim leviter et vage rugatis. Costa prima vix conspicua secundaque prominula postice junctis ; laterali prominentiore, supra marginalem subposita ; secundo, tertio quartoque interstitis lateribusque tuberculis raris aliquando subobliteratis. Tibiis posticis supra angustis.*

Description : Long. 14-19 mill. ; larg. 9-13 1/2 mill. — Brillante, sur le dos plus ou moins aplati, convexe, chez les petits individus, dont la côte latérale est placée presque dans le même plan vertical que la côte marginale.

Tête à ponctuation variable, parfois presque nulle, souvent légèrement ponctuée sur le front et rugueusement jusque sur l'impression interantennaire, qui est souvent peu marquée. Sur le vertex se voit souvent une fovéole de chaque côté. Labre petit, arrondi, cilié, sur les côtés, de poils brunâtres, d'un fauve doré, en avant, ponctué assez densément. Menton ponctué. Antennes dépassant à peine, en arrière, la base du pronotum, robustes, à articles 4 à 9 courts ; le 8e est aussi large que long, le 9e carré ; 10e et 11e rougeâtres.

Pronotum court, large, avec les bords antérieur et postérieur légèrement trisinués, à peu près d'égale largeur. Angles antérieurs un peu saillants en dehors ; postérieurs obtus, habituellement bien marqués. Bords latéraux arrondis assez fortement, surtout en avant : la plus grande largeur du pronotum un peu en arrière du milieu de sa longueur. Dos du pronotum largement lisse, au milieu, avec quelques points très fins, disséminés, et les vestiges obsolètes d'un sillon longitudinal médian. Granulations latérales plus ou moins serrées, le plus souvent aplaties. Sur les côtés du disque existent deux fovéoles qui manquent rarement, et au milieu, deux dépressions transversales, obsolètes, l'une en avant, l'autre en arrière : celle-ci est remplacée, parfois, par une fovéole arrondie. Les deux bords de la cannelure du prosternum, en arrière, offrent, le plus souvent, une petite saillie tuberculeuse. Ecusson petit, en T renversé.

Arrière-corps très variable, en ovale allongé, quelquefois élargi latéralement, et alors suborbiculaire, toujours assez fortement atténué, en arrière, et fortement déclive latéralement, quel que soit le degré de convexité du dos. La base des élytres un peu plus large que la base du pronotum, est faiblement anguleuse de chaque côté. Le dos des élytres couvert de rugosités transversales plus ou moins fortes, entremêlées de granules disséminés et quelquefois de quelques tubercules triangulaires. Dans le type de l'espèce, la 1re côte dorsale est distincte, ainsi que la 2e, à laquelle elle se réunit, en arrière, si elles ne s'oblitèrent pas avant cette réunion. Côte latérale entière, presque lisse, rapprochée, et placée au-dessus de la côte marginale ; celle-ci est, le plus souvent, peu saillante, à crénelures granulées, fines. Flancs couverts de granulations réunies par des rides transversales.

Abdomen ordinairement ponctué et granulé.

Tibias antérieurs courts, à dent externe terminale habituellement forte, large et émoussée. Tibias postérieurs assez longs, étroits, déprimés sur le dos, et non canaliculés, comme les tibias intermédiaires.

Patrie : Sardaigne, Sicile, Malte. — Types : coll. de Marseul.

Cette espèce est extrêmement variable, surtout au point de vue de la disposition des côtes et de la sculpture des élytres. M. Kraatz a réuni, à juste titre, un certain nombre de formes décrites par Solier comme étant des espèces distinctes. Les variétés qu'il est possible d'admettre aujourd'hui sont les suivantes :

Var. A. Sol. — 1re côte dorsale effacée, en avant, distincte en arrière ; 2e côte dorsale assez marquée dans toute son étendue. Partie postérieure de l'Y formé par les 2 côtes dorsales, en arrière, bien marquée. Quelques granulations disséminées sur toute la superficie des élytres. Plis transversaux peu saillants. Quelques points assez forts au voisinage de l'écusson, dans le premier intervalle. — Sardaigne : Cagliari.

Var. B. Sol. (*corsica*). — Cette variété nous paraît être très douteuse. Il en existe trois exemplaires indiqués comme types de Solier dans la coll. de Marseul. Un seul est à peu près conforme à la description de Solier et nous paraît être un individu mal développé. Tous trois sont indiqués de Sardaigne et non de Corse. Voici les indications données par Solier : « Très courte, très convexe, avec l'arrière-« corps à peu près orbiculaire ; les 2 côtes dorsales peu marquées, à « peu près égales ; la latérale n'est pas sensiblement plus saillante « que la marginale. »

Var. C. (*P. Goryi* Sol.) — Assez grande, paraît faire le passage entre *P. undulata* et *P. Sardea*. 1re côte dorsale à peu près nulle, la 2e est indiquée, mais déformée par les plis transversaux ; la latérale est saillante, mais mal limitée. inégale, souvent peu distincte, et placée beaucoup moins au-dessus de la côte marginale que dans le type de l'espèce. — Sardaigne. Sicile : Palerme.

Var. D. (*P. subscabra* Sol.) — Très déprimée. Côtes dorsales presque nulles ; côtes marginale et latérale saillantes, mais formées, plutôt, par des saillies longitudinales que par des côtes véritables ; elles sont tuberculeuses. La superficie de l'élytre est couverte de plis en bourrelets assez saillants, très irréguliers, comme direction, avec quelques tubercules, petits, disséminés. — Sicile, Palerme, Sardaigne, mais beaucoup plus rare dans cette dernière localité ; Isola (Etats sardes).

Var. E. (*sublævigata* Sol.) — Le seul exemplaire que nous ayons vu est extrêmement lisse, avec les deux côtes dorsales marquées, en arrière seulement, et quelques granulosités, surtout dans les intervalles externes. Cet individu, de très petite taille, fait partie de la coll. de Marseul.

Var. E. — Superficie des élytres brillante, sans côtes dorsales, couverte de replis saillants, comme dans la var. C., mais dans l'intervalle desquels existent des points enfoncés, très profonds et plus ou moins nombreux.

Entre toutes ces variétés se trouvent des passages intermédiaires. On peut dire que la *P. Sardea* est une des espèces les plus variables. Le caractère distinctif de l'espèce (la position de la côte latérale audessus de la côte marginale) disparait même ou tend à disparaître chez les individus de grande taille, qui sont en même temps toujours plus aplatis en dessus que les individus plus petits.

Nous avons vu un nombre très considérable d'exemplaires de la *P. Sardea* ; c'est à peine si nous en avons rencontré, indiqués comme provenant de Corse. En rapprochant de ce fait ce que nous disions à propos de la *P. Payraudi* (v. p. 85), on comprend qu'il soit très douteux, pour nous, que la *P. Sardea* se trouve en Corse. En tout cas, elle doit y être d'une rareté extrême. Nous croyons devoir, en conséquence, rapporter à la *P. Payraudi* la larve trouvée à Porto-Vecchio, et attribuée par Perris à la *P. Sardea* (v. p. 85).

113. P. undulata Sol. l. c. p. 161. — Kr. l. c. p. 337. 341.

DIAGNOSE Sol. — *Nigra, ovalis, supra valde depressa. Prothorace postice leviter angustato, lateribus tuberculato, medio dorsi lævissime. Elytris dorso transversim undulato-plicatis, tuberculis raris, minutis obliteratisque; lateribus angulatis, tuberculis satis numerosis. Costa marginali subunica crenata. Tibiis posticis supra angustatis.*

DESCRIPTION : Long. 20-22 mill.; larg. 11-12 mill. — Médiocrement brillante, ovale, déprimée sur le dos. Cet insecte rappelle un peu la forme de l'arrière-corps, et son bord marginal relevé, l'*Akis punctata*.

Tête ponctuée assez fortement, peu densément en avant, finement sur le vertex, sillon interantennaire et dépression transversale sur le front, obsolètes. Labre petit, densément couvert de points assez gros d'où s'échappe un cil noirâtre, arrondi sur les côtés et sur les angles antérieurs, peu ou non sinué en avant, où il est bordé de cils bruns, caduques. Menton ponctué, assez fortement échancré en avant. Antennes dépassant, un peu, la base du pronotum, robustes, hispides; les articles 4-8 ont la forme d'un rectangle allongé, et diminuent progressivement de longueur. Le 9e est plus fort, mais un peu plus long que large à l'extrémité; 10e transversal; 11e très petit.

Pronotum fortement transversal, convexe, avec une dépression transversale sur le disque. Cette dépression est souvent réduite à une fossette profonde de chaque côté. Bord antérieur légèrement trisinué, fortement rebordé au milieu. Ce bord s'épaissit assez fortement au voisinage des angles antérieurs, qui paraissent saillants, en avant et en dehors. Bord postérieur légèrement sinué. Angles postérieurs très obtus, presque arrondis. Bords latéraux régulièrement et assez fortement arrondis. Le maximum de largeur du pronotum est au milieu de sa longueur, il est à peine plus large en arrière qu'en avant. Milieu du disque lisse, avec les traces d'un sillon médian longitudinal. En arrière du bord antérieur, existe une seconde dépression transversale, qui se confond, parfois, avec la dépression médiane signalée plus haut. Côtés du pronotum couverts de granulations assez denses, à peu près jusqu'au niveau des yeux. Ecusson petit, triangulaire, peu transversal.

Arrière-corps en ovale allongé, atténué postérieurement, déprimé en dessus, en avant, et fortement, mais assez progressivement, déclive en arrière. Suture à peine élevée. Côte marginale fortement relevée, formée de granulations serrées; elle est débordée latéralement par le flanc de l'élytre, qui est convexe, ce qui permet de l'apercevoir, en examinant l'insecte, de haut en bas [1]. La côte latérale n'existe que dans le 1/4 ou le 1/5 postérieur de l'élytre, où elle est élevée et crénelée. On aperçoit, en outre, quelquefois, au même niveau, la partie terminale de la 1re côte dorsale; il semble alors que l'élytre porte trois côtes dans son quart postérieur, et une seule, la marginale, dans le reste de son étendue. La superficie de l'élytre est couverte de plis godronnés, transverses, marqués, même sur la suture; quelques granulations dans l'intervalle externe et vers l'extrémité des élytres, surtout. Flancs couverts de granulations espacées, peu ridées. Granulation de l'abdomen quelquefois, seulement, nulle, excepté sur le dernier segment; les autres présentent alors un pointillé fin et serré, obsolète. Dans tous les cas, le dernier article est toujours distinctement granulé.

Tibias antérieurs armés, à l'extrémité, d'une dent longue, souvent émoussée, quelquefois subaiguë. Tibias postérieurs étroits sur la face dorsale, qui est moins profondément canaliculée que les tibias intermédiaires.

Patrie : Sardaigne. — Types de Solier : coll. de Marseul.

La *P. undulata* Sol., telle que nous venons de la décrire, est parfaitement caractérisée par la position de la côte marginale, sur le dessus de l'élytre, qui est limitée, en dehors, par la saillie visible du flanc de l'élytre, qui est convexe, et par l'absence de la côte latérale. Cependant, chez les individus de grande taille de la *P. Sardea* (var. *Goryi* et *subscabra*), on retrouve une tendance à une disposition semblable, et cette particularité légitimerait, peut-être, une réunion de ces deux espèces.

114. P. tunisea Fairm. Rev. zool. 1879. p. 14.

Diagnose Fairm. — *Brevissime ovata, valde convexa, nigra, nitidissima. Capite tenuiter asperato, antennis basin thoracis paulo superantibus, articulis 3-10, oblongo-ovatis, ultimo apice rotundata; prothorace sat parvo, lateribus rotundato, antice leviter angustato, lateribus valde asperato, angulis anticis parvis, prominulis; elytris fere rotundatis, margine externo valide crenato, utrinque lineis duabus sat acute, parum dense tuberculatis, intervallis externis laxe ac tenuiter granulatis, et linea versus suturam obsoletissime indicata, margine reflexo tenuiter sat dense granulato; sublus cum pedibus valde ac dense granulato, prosterno et metasterni lateribus, multo minus.*

---

(1) Cette particularité n'existe, à notre connaissance, dans aucune autre Pimelia.

Description : Long. 19-25 mill.; larg. 11 1/2-15 mill. — En ovale très court, d'un noir brillant, très convexe, lisse sur le dos.

Tête finement alutacée, en arrière, ayant quelques points rugueux vers le bord antérieur, une dépression obsolète, en forme de V, sur le milieu du vertex, et le plus souvent une fossette simple ou double; elle est couverte de granulations écartées. Labre rugueusement ponctué, cilié de brun, en avant, arrondi. Menton souvent presque lisse, faiblement granulé ou ponctué. Palpes noirs, rarement un peu brunâtres. Antennes dépassant, en arrière, la base du pronotum, à articles cylindriques, hispides ; le 9e article aussi large que long, suborbiculaire. Chez quelques individus de petite taille, les articles 3-8 sont plus allongés, plus grêles et glabres (♂ ?).

Pronotum deux fois au moins plus large que long ; bord antérieur trisinué, notablement moins large que le bord postérieur; angles antérieurs saillants, en avant ; angles postérieurs obtus ; bords latéraux peu arrondis, en avant ; ils le sont assez fortement vers les deux tiers de la longueur et rentrent, légèrement, tout à fait en arrière. Côtés du pronotum fortement, mais peu densément, granulés : ces granulations se continuent, en avant, sur le tiers moyen du pronotum, qui est tantôt lisse, tantôt avec des granulations oblitérées. Prosternum terminé, en arrière, par un bec indistinctement rebordé, souvent presque nul. Ecusson en T renversé, saillant, placé au fond d'une dépression assez marquée du commencement de la suture.

Arrière-corps un peu plus large, à la base, que la base du pronotum ; dé là il s'arrondit régulièrement en un ovale court, subhémisphérique. Il est très légèrement aplati le long de la suture, fortement convexe et brusquement déclive, latéralement et en arrière. La superficie des élytres est lisse et brillante. Première côte dorsale à peine indiquée par une ligne carénée, fine et effacée, souvent nulle ; tout à fait en arrière, cette côte est marquée par quelques tubercules très écartés ; il en existe aussi, quelquefois, deux ou trois sur la partie antérieure de son trajet. La deuxième côte dorsale est constituée de même, mais les tubercules, tout en étant très écartés, sont plus nombreux ; elle disparaît, presqu'entièrement, dans le premier quart de l'élytre. La côte latérale est formée de tubercules séparés, depuis la base de l'élytre ; ils sont plus serrés et se convertissent, postérieurement, en dents triangulaires, dressées, aiguës. La côte marginale tout entière est formée de dents triangulaires très saillantes, aiguës, et assez serrées. Dans les intervalles externes et à la partie postérieure, déclive de l'élytre existent des granulations écartées, bien marquées. Flancs des élytres couverts de granulations plus petites et un peu plus nombreuses que dans le 4e intervalle.

Tout le dessous de l'insecte est couvert de granulations portant un petit cil noir et couché.

Pattes fortes, très granulées. Tibias antérieurs terminés, en dehors, par une dent fort aiguë, mais pas très longue. Les tibias postérieurs, couverts de granulations très saillantes, sont larges et aplatis, à peine creusés sur le dos. Les tibias intermédiaires le sont, au contraire, très fortement.

Quatre tarses postérieurs à articles épais, triangulaires, non comprimés.

Patrie : Tunisie : Seuil-de-Gabès (2 ex. au Museum de Paris), Campd'El-Aicha, entre Gabès et Gafsa, très commune (V. Mayet). Djebel-Orbata, Djebel-Oum-Ali, Djebel-Bérda, etc., etc. — Types : coll. V. Mayet, Fairmaire, la mienne.

La *P. tunisea* habite les montagnes arides, entre 200 et 1100 mètres d'altitude ; la seule autre espèce du genre, que l'on rencontre parfois avec elle, est la *P. simplex* Sol.

Très rare jusqu'à ces derniers temps, elle a été rapportée, par M. Valéry Mayet, des localités que nous venons d'indiquer, et où elle est commune.

A première vue, elle ressemble beaucoup à la *P. Claudia* Buq., mais elle en est bien différente par la forme et la longueur du pronotum, la conformation des antennes, la sculpture des côtes, etc., etc.

Le nom de *tunisea*, critiqué par quelques personnes qui auraient voulu lui substituer celui da *tunetana*, est parfaitement légitime. L'adjectif *tuniseus* est employé déjà dans la basse latinité (Sidoine Apollinaire, 4e siècle).

115. P. Claudia Buquet. Rv. de Zool. 1840. p. 242.

Syn. : *P. spectabilis* Haag. D. ent. Zeitsch. 1875. Beiheft. 7. p. 52. — (Beitr. Zur. Kentniss. d. Ten.) — *P. speculum* Desbr. (in Catal.) — *P. Georgi* (Ol. Delam. Bull. Soc. Lin. N. de la Fr. 1882. т. 6. p. 148.)

DIAGNOSE. (1) — *Nigra, nitida, breviter ovata, fere hemispherica. Capite sublævi. Antennarum articulis brevissimis, crassis. Prothorace brevi, lato, transversim supra convexo, lævi, latera versus sparsim granulato. Elytris nitidis, subglobosis, breviter ovatis, lævibus, extus vis granulatis. Costis marginali lateralique crenulato-denticulatis, paululum ante basin cœuntibus. Costis dorsalibus obsoletis, prima nonnunquam deficiente. Elytrorum lateribus, abdomineque subtus granulatis. Tarsis crassis, triangularibus. haud ciliatis.*

DESCRIPTION : Long. 18-21 mill.; larg. 12-14 mill. — D'un noir brillant en dessus, en ovale court, presqu'entièrement lisse.

---

(1) M. Buquet n'a pas donné de diagnose latine.

Tête convexe sur le vertex, lisse, avec quelques points obsolètes
en avant et, parfois, quelques petites granulations disséminées sur
les côtés. Labre légèrement granuleux et ponctué inégalement sur
son pourtour. Menton assez fortement échancré, ponctué. Antennes
épaisses, à articles courts, hispides, le 9e plus large que long; elles
atteignent, à peine, la base du pronotum.

Pronotum court, très convexe dans tous les sens, très arrondi sur
les côtés, qui sont assez rétrécis en arrière. Angles antérieurs peu
saillants; angles postérieurs obtus, à peine marqués. Bords antérieur et postérieur coupés droit. Le dessus du pronotum est très
lisse, brillant, avec une impression transversale, médiane, inégale, et
dont il ne reste souvent que les extrémités, qui forment alors deux
dépressions latérales. Les côtés du pronotum présentent quelques
granulations inégalement écartées. Ecusson en triangle isocèle,
transversal.

Arrière-corps en ovale court, très convexe, lisse et brillant, pas
plus large, à la base, que la base du pronotum. 1re côte dorsale
nulle, en avant, indiquée, en arrière, par une saillie lisse, sur
laquelle on trouve, parfois, quelques crénelures plus ou moins saillantes. La 2º dorsale est mieux marquée; elle est constituée comme
la 1re, et beaucoup moins prolongée en arrière. Les côtes marginale
et latérale se réunissent à une certaine distance de la base de
l'élytre : elles sont formées par une rangée de crénelures assez saillantes et assez rapprochées. Au milieu des intervalles externes, se
trouve une rangée, assez régulière, de fines granulations écartées.
Ces granulations manquent souvent, excepté dans le 4e intervalle,
où elles sont plus nombreuses et irrégulièrement placées. Flancs des
élytres peu densément, mais assez régulièrement, couverts de granulations saillantes, hémisphériques.

Le dessous de l'insecte est, partout, assez densément, granulé,
moins brillant que le dessus.

Pattes robustes. Tibias antérieurs élargis à l'extrémité, avec
la dent externe, forte. Tibias intermédiaires et postérieurs assez fortement creusés sur la face dorsale, surtout les premiers. Articles des
quatre tarses postérieurs épais, triangulaires, non distinctement
hispides.

La *P. Claudia* habite l'Algérie : Pays montagneux, Tazmalt, forêt
de Ksen (Djurdjura), près Aumale.

116. **P. brevicollis** Sol. l. c. p. 172. — Kr. l. c. p. 324 et 330. — (Dj.
in Cat.)

Diagnose Sol. — *Nigra, ovalis, convexa, subglobosa. Capite ante
valde punctato. Prothorace brevi, subcylindrico, medio dorsi
lævissimo. Elytris tuberculis satis magnis, aut mediocribus nume-*

rosis rugisque transversis junctis. Costa prima suturaque costiformi integris, secunda breviore tertiaque prope basin plus minusve interruptis, lævigatis ; marginali minore, dense crenulata; mesosterno ante inflato.

DESCRIPTION : Long. 15-16 1/2 mill.; larg. 8-10 1/2 mill. — D'un noir assez brillant, convexe, en ovale très court, suborbiculaire, parfois un peu plus allongée.

Tête à ponctuation fine, écartée, obsolète sur le front, ordinairement forte et confluente en avant, jusques et y compris l'impression interantennaire. Labre ponctué, cilié brièvement, en avant, de fauve doré, au milieu, noirâtre sur les angles latéraux. Menton ponctué ou rugueux, habituellement peu profondément échancré, en avant. Antennes courtes, robustes, à articles 4-8 épais; article 9 plus large que long; 10e en rectangle, transversal.

Pronotum très court, coupé droit, ou légèrement sinué, en avant, avec les angles antérieurs, rapprochés de la tête, presque nuls; bord postérieur presque droit; angles postérieurs obtus, peu marqués ou arrondis. Bords latéraux arrondis fortement. La plus grande largeur du pronotum est, en arrière, du milieu de sa longueur. Disque du pronotum largement lisse, avec les vestiges, obsolètes, d'un sillon longitudinal médian et, presque toujours, une dépression transversale médiane, ou, tout au moins, deux fovéoles latérales. Côtés du pronotum couverts, assez densément, de granulations de taille moyenne. Ecusson petit, en T renversé, à branche antérieure large.

Arrière-corps fortement convexe, très progressivement déclive en arrière. Elytres couvertes de granulations de taille moyenne, réunies en séries ou en rides transversales, sur la plus grande partie de l'élytre et, surtout, au milieu, plus petites et isolées en arrière. Flancs couverts, densément et uniformément, de petites granulations isolées, ordinairement, sans rides appréciables. Suture à rebords larges, lisses, élevés; 1re dorsale large, forte, brillante, lisse, partant de la base même, se dirigeant en arrière, où elle se termine, tantôt isolément, tantôt en rejoignant la côte latérale; 2e dorsale, constituée de même, mais raccourcie, en arrière, assez brusquement; elle commence, à la base, par quelques tubercules isolés. La côte latérale est constituée exactement comme la 2e dorsale, sauf qu'elle ne devient lisse qu'à un point plus éloigné de la base. Côte marginale entière, fine, à crénelures très serrées. Granulation de l'abdomen forte, plus ou moins rapprochée. Mésosternum saillant et convexe, en avant.

Tibias antérieurs terminés, extérieurement, par une dent assez forte, paraissant surajoutée. Tibias postérieurs médiocrement larges, à peine évidés. Tibias postérieurs assez profondément canaliculés.

Patrie : Espagne : Andalousie, Carthagène, Murcie, Badajos.

Les exemplaires de cette dernière localité sont, en général, un peu plus allongés.

Chez quelques individus, les tubercules sont presque effacés, et la sculpture des élytres paraît être formée, dans une grande partie de l'élytre, de rides tuberculeuses, assez fortes.

Cette espèce se distingue de toutes les autres, par ses côtes dorsales très fortes, plus ou moins tuberculeuses en avant, pour les deux intermédiaires. Elle se distingue de la *P. bipunctata* par ses granulations beaucoup plus fortes et le pronotum lisse au milieu. La forme de celui-ci, qui est élargi en arrière, ne permet pas de la confondre avec la *P. Bætica*.

117. P. bipunctata Fabr. Sp. Ins. I. p. 316. — Syst. Eleuth. I. p. 130. n° 14. — Encycl. méthod. T. X. 1ʳᵉ part. p. 129. — Latr. Gen. Crust. et Ins. T. II. p. 147. — Sol. l. c. p. 174. — Kr. l. c. p. 324. 331. etc., etc.

Syn. : *aspera* Germ. — *muricata* Oliv. Ent. III. 59. p. 9. n° 10. pl. 1. f. 1. a. b. — *sulcata* Fourcroy. Ent. Par. 1. p. 159.

Var. A. (*cajetana* Baud. in litt.).

Diagnose Sol. — *Nigra, obscura, ovalis ; supra depressa. Capite punctato. Prothorace subcylindrico, dorso dense tuberculato, medio, linea lævigata, bipunctato aut transversim impresso. Elytris subcinereis, laxe pubescentibus, transversim, dense rugosulis, subtiliterque granulatis. Costis dorsalibus, laterali suturaque prominulis et lævigatis ; secunda abbreviata. Marginali parum incrassata, vix tuberculata.*

Description : Long. 13 1/2-17 mill, ; larg. 8 1/2-10 mill. — D'un noir brillant sur le pronotum et les côtés, en ovale suborbiculaire ; déprimée, avec une pubescence peu fine et grisâtre sur les intervalles, chez les individus frais.

Tête ponctuée, rugueusement, en avant, avec deux fovéoles sur le front, qui manquent, parfois, complètement. Labre subsinué et cilié de fauve doré, en avant, densément ponctué et, parfois, strié longitudinalement. Menton finement ponctué, habituellement assez largement échancré, en avant. Antennes assez robustes, dépassant, un peu, la base du pronotum, en arrière. 8ᵉ article très petit, 9ᵉ plus gros, plus large que long, ainsi que le 10ᵉ. Palpes noirs, avec l'extrémité du dernier article jaunâtre.

Pronotum court, transversal, arrondi fortement sur les côtés, avec sa plus grande largeur en arrière du milieu de la longueur. Angles antérieurs aigus, mais courts. Angles postérieurs obtus, peu marqués, quelquefois arrondis. Disque du pronotum avec une carène médiane longitudinale, obsolète, environnée de petites granulations disséminées, obsolètes, beaucoup plus fortes et plus denses sur les côtés; au milieu du pronotum, existe une dépression transversale, dont il ne reste, le plus souvent, que deux fovéoles latérales; il existe souvent, en arrière, une deuxième impression transversale, moins marquée, qui se réduit, souvent, à deux fovéoles placées en arrière des premières et, quelquefois, plus marquées. Ecusson petit, triangulaire, saillant.

Arrière-corps en ovale court, arrondi sur les côtés, déprimé en dessus, et quelquefois suborbiculaire. Suture lisse, élevée, forte; 1re dorsale large, lisse, et épaisse, en avant, diminuant d'épaisseur d'avant en arrière, crénelée postérieurement; 2° dorsale constituée de même, mais un peu raccourcie, en avant, et notablement, en arrière. La côte latérale, également très saillante, est crénelée, en avant et en arrière, presque lisse au milieu. Côte marginale formant un bourrelet, assez saillant, composé d'une agglomération de petites granulations. Intervalles des côtes couverts d'une fine granulation et d'un enduit pubescent, grisâtre, et de très petits poils grisâtres, chez les individus frais. Les côtes latérale et dorsales se réunissent, en arrière, excepté la 2° dorsale qui se termine isolément. Flancs avec la même sculpture que le 4e intervalle. Abdomen pubescent, plus ou moins densément granuleux.

Pattes longues, minces. Tibias antérieurs terminés, extérieurement, par une dent très prolongée, tantôt aiguë, et tantôt émoussée. Tibias intermédiaires canaliculés, tibias postérieurs aplatis seulement sur leur face dorsale.

Patrie : France mér.; Corse : Cap Corse; Italie : Toscane.

Cette espèce vit dans les endroits sablonneux. Sa larve a été indiquée, sommairement, par M. Perris, en ces termes : « Sur la tête « d'un cheval mort, qui lui avait procuré la larve de *Teutyria muc-* « *ronata*, M. Raymond avait recueilli d'autres larves dont je n'ai pu « soupçonner le nom qu'après avoir vu celles de la *P. Sardea* (1). « Elle lui ressemble, en effet, tellement, que je n'ai pu y trouver la « moindre différence. Elle appartient donc, évidemment, à une *Pi-* « *melia*, et, comme la *P. bipunctata*, est la seule qui existe en « France, sur les bords de la Méditerranée, je ne puis l'attribuer qu'à « cette espèce. » (Perris. Larv. de Coléopt. 1877, p. 259).

Var. A. (*cajetana* Baudi in litt.) — Cette variété est caractérisée par les tubercules du milieu du dos plus oblitérés, par l'espace longitudinal médian du pronotum plus lisse et plus large, par le volume plus considérable des granulosités des élytres, surtout en avant, où elles forment des bourrelets transversaux, étroits. — Gaëte (Italie).

---

(1) Voir ce qui est dit à la p. 85.

118. P. modesta Herbst. Kæf. VIII. p. 96. pl. 123. f. 11.
   Syn. : *distincta* Kr. l. c. p. 323 et 331.

Diagnose (1). — *Nigra. subnitida. P. bipunctatæ subsimilis. sed, major. Caput latum ante rugoso punctatum. Antennæ crassæ, basin prothoracis superantes. Pronotum supra medio lævigatum, latera versus granulatum. Elytra valde costata. in intervallis, dense. æqualiter et sat grosse granulata, glabra. Pedes elongati, tibiæ posticæ dorso strictæ. Tarsorum articulis triangularibus vix hispidis.*

Description : Long. 20 1/2 mill.; larg. 12 1/2 mill. — En ovale large, avec l'arrière-corps fortement atténué en arrière, cordiforme; assez brillante.

Tête rugueusement ponctuée, en avant, et jusque dans les dépressions anteantennaires ; le reste de la tête présente de gros points disséminés, rares, sur le vertex, où ils sont entremêlés de petits points très fins. Labre très densément ponctué, subsinué et cilié de poils d'un fauve brunâtre, en avant. Menton, avec quelques points disséminés, d'où s'échappe un cil court, raide, dressé; il est assez fortement échancré, en avant. Antennes robustes, dépassant légèrement la base du pronotum, à articles subcylindriques, hispides, épais, diminuant de longueur du 4e au 8e; 9e article aussi large à l'extrémité que long; 10e transversal, court, brunâtre. Palpes avec l'extrémité rougeâtre.

Pronotum subcylindrique, convexe, un peu plus de deux fois plus large que long, mais relativement plus long et plus étroit que dans la **P. bipunctata** ; il est subtronqué et de largeur sensiblement égale, en avant et en arrière ; angles antérieurs peu marqués, angles postérieurs à peine indiqués, très obtus. Bords latéraux peu et presque régulièrement arrondis; la plus grande largeur du pronotum est placée en arrière du milieu de sa longueur. Dos du pronotum lisse, au milieu, où il est très brillant, avec quelques points très fins, surtout en avant ; vestiges d'un sillon longitudinal, médian, qui commence, en avant, dans une dépression transversale, obsolète, et se termine dans une fovéole bien marquée, antescutellaire. Sur les côtés existe une granulation qui diminue de grosseur de dehors en dedans. Une fovéole de chaque côté, au milieu du disque, et au niveau du bord interne des yeux. Ecusson caché par la bordure de poils d'un fauve doré qui borde le pronotum, en arrière.

Arrière-corps plus large, à la base, que la base du pronotum, s'élargissant assez brusquement en s'arrondissant, de sorte que sa plus grande largeur est située à la réunion du 1/4 antérieur avec les

(1) La diagnose donnée par Herbst est tellement insuffisante, que nous avons cru devoir lui substituer celle que nous donnons ici.

3/4 postérieurs. A partir de ce point, il s'atténue fortement. Suture assez élevée, largement rebordée, lisse, et un peu crénelée, seulement à l'extrémité. 1re côte dorsale très large, très lisse, diminuant de largeur, en arrière, où elle devient un peu crénelée, et où elle s'unit à la côte latérale. La 2e dorsale est à peu près de même largeur, mais un peu rétrécie tout à fait en avant, où elle porte quelques tubercules. Elle est à peine atténuée, en arrière, où elle présente quelques crénelures, et se termine avant la 1re. Côte latérale un peu moins large, mais encore très forte, saillante, lisse, subcrénelée, diminuant de largeur, en arrière et en avant, où elle commence, à une petite distance de la base. Elle est située plus près de la côte marginale que de la 2e dorsale. La côte marginale, épaisse et saillante, surtout dans la première moitié de l'élytre, est constituée par un bourrelet formé d'une agglomération de petites granulations, comme dans la *P. bipunctata*. Les intervalles sont couverts d'une granulation écartée, plus forte que dans cette dernière espèce, et densément entremêlée de petits granules noirs, très nombreux. Rides transversales, très peu marquées. Flancs des élytres densément couverts d'une granulation double, plus fine que celle du dos des élytres. Abdomen, en-dessous, portant une granulation fine, très serrée, excepté sur les deux derniers segments.

Pattes longues. Tibias antérieurs assez larges, terminés, en dehors, par une apophyse longue, peu aiguë. Tibias intermédiaires et postérieurs très étroits sur leur face dorsale : les premiers y sont plus profondément creusés. Tarses à articles allongés, peu larges et peu velus.

Patrie : Portugal ; Espagne : Requena, prov. de Cuença (Perez Arcas! Coll. Museum de Madrid).

La *P. modesta* se rapproche beaucoup de la *P. bipunctata*. Elle s'en distingue : par sa taille plus grande, par son pronotum relativement plus long, lisse sur le milieu, par ses côtes élytrales plus fortes, par l'absence de pubescence grisâtre sur les élytres, par la granulation des élytres différente, etc.

Elle existait au nombre de trois ou quatre exemplaires dans la collection de M. de Marseul, qui a bien voulu nous en échanger un exemplaire. Elle nous a été communiquée par M. Kraatz, qui l'avait rapportée dubitativement, et à tort, à la *P. distincta* Sol. La figure donnée par Herbst ne laisse aucun doute sur l'identité de cette espèce avec les exemplaires qui nous sont passés sous les yeux. C'est à tort que les auteurs du Catalogue de Munich ont donné, en synonymie de cette espèce, la *P. incerta* Sol., espèce bien différente.

La *P. modesta* est indiquée dans l'ancienne collection de Perez Arcas, et qui fait aujourd'hui partie de celle du Museum de Madrid, comme ayant été prise par lui, à Requena. Il est probable qu'elle doit se retrouver entre la province de Cuença et le Portugal, c'est-à-dire dans presque tout le centre de l'Espagne.

119. P. bætica Sol. l. c. p. 170. (Dj. in litt.) — Kraatz. p. 322-331.

Var. A. *distincta* Sol. Id. p. 172.

Diagnose Sol. — *Nigra, obscura, ovalis oblonga, convexa. Prothorace subcylindrico, lateribus rotundato tuberculatoque, medio dorsi lævigato. Elytris tuberculis parvis, parum densis. Costis dorsalibus duabus suturaque lævigatis, marginali lateralique, crenulatis prominulis.*

Description : Long. 14-20 mill. ; larg. 8-11 mill.

Tête ponctuée assez grossièrement en avant, finement sur le vertex où elle est, parfois, alutacée. Dépression interantennaire assez marquée. Labre presque lisse en arrière, densément ponctué en avant, où il est peu sinué, et cilié de poils d'un fauve doré. Menton ponctué, assez fortement, anguleusement échancré, en avant. Antennes dépassant, assez notablement, en arrière, la base du pronotum ; le 8e article est le plus court, mais encore plus long que large ; 9e aussi large, à l'extrémité, que long ; 10e transversal ; 11e acuminé, d'un blanc jaunâtre ; palpes bruns.

Pronotum plus de deux fois plus large que long, légèrement bisinué en avant et plus fortement en arrière. Angles antérieurs aigus, légèrement saillants en avant et en dehors ; angles postérieurs obtus, habituellement, assez marqués par une légère sinuosité du bord latéral. Les côtés du pronotum sont arrondis, plus fortement, en arrière. Il a sa plus grande largeur, en arrière du milieu de sa longueur, et est à peu près de même largeur en avant et en arrière. Milieu du pronotum lisse, ou avec quelques points disséminés, presqu'imperceptibles ; côtés assez densément couverts de granulations médiocrement fortes et un peu aplaties. Ecusson triangulaire, transversal.

Arrière-corps pas plus large, à la base, que la base du pronotum, assez fortement sinué de chaque côté. A l'épaule, on aperçoit une saillie anguleuse, parfois assez marquée, et qui est formée par l'angle, fortement rebordé, du bord supérieur de l'épipleure, visible lorsqu'on examine l'insecte, directement, de haut en bas ; les élytres sont plus ou moins fortement arrondies latéralement. Elles sont légèrement déprimées, en dessus et en avant. Suture saillante, lisse, élevée, largement rebordée en avant, plus étroitement en arrière, où elle est un peu crénelée. Deux côtes dorsales assez fortes, lisses, dans la plus grande partie de leur trajet, plus saillantes que les autres ; elles se terminent, presque toujours, isolément, en arrière ; la 2e est raccourcie en avant et en arrière. L'une et l'autre tendent toujours à disparaître en avant. Côte latérale granuleuse et crénelée, commençant, habituellement, un peu plus loin de la base que de la 2e dorsale. Côte marginale finement crénelée, ou granulo-crénelée, dans toute son étendue. Intervalles couverts, densément, de granulations séparées, d'un volume médiocre et égal, séparées, souvent rapprochées, latéralement, en séries transversales. Dessous dé l'abdomen assez densément granulé, sur un fond alutacé et chagriné très finement.

Tibias antérieurs d'une longueur moyenne, avec une dent terminale assez forte, plus ou moins aiguë. Tibias intermédiaires à face dorsale plus étroitement creusée que celle des tibias postérieurs.

Patrie : Espagne : Andalousie, Carthagène, Malaga, Alicante, Lorca, Cordoue, Castellon.

La var. A. (*distincta* Sol.), que nous ne saurions séparer spécifiquement de la *P. bætica*, diffère de celle-ci : par sa taille généralement plus petite, la saillie plus forte des côtes, qui tendent moins à disparaître en avant, par la granulation des élytres, beaucoup plus rare et plus forte, entremêlée de granules plus nombreux. On trouve, entre ces deux formes, des passages qui rendent leur délimitation exacte à peu près impossible. Elle habite les mêmes contrées que le type. Nous en avons vu un certain nombre du Portugal.

120. P. incerta Sol. l. c. p. 166. — Kr. l. c. p. 321-331.

    Syn. : *muricata* Fab. Syst. El. i. p. 129?

Diagnose Sol. — *Nigra, ovalis, supra depressa. Prothorace postice angustato. Elytris tuberculis parvis, numerosis, transversim junctis, singula costis quatuor dorsalibus lævigatis. secunda abbreviata ; laterali subcrenata primaque junctis ; marginali crenulata.*

Var. A. *minor, tuberculis elytrorum minus numerosis, prope scutellum obliteratis.*

Description : Long. 16-20 mill. ; larg. 11 1/2 - 12 mill. — En ovale allongé, presque toujours déprimée en dessus et d'un noir médiocrement brillant.

Tête ponctuée, assez densément, finement sur le vertex, plus fortement et parfois presque rugueusement, en avant. Impression interantennaire assez bien indiquée. Labre densément ponctué, cilié, en avant, de poils d'un fauve doré, au milieu, brunâtres sur les côtés. Menton convexe au milieu, peu profondément échancré, en avant, ponctué. Antennes assez robustes, dépassant un peu le pronotum, en arrière, à articles épais. Le 9e article est aussi large à l'extrémité que long, 10e transversal.

Pronotum subcylindrique, relativement assez étroit, du double environ plus large que long, coupé presque en ligne droite, antérieurement, avec les angles antérieurs peu saillants. Bord postérieur moins large que l'antérieur ; angles postérieurs obtus, marqués légèrement. La plus grande largeur du pronotum est située au milieu ou

un peu en avant du milieu de la longueur. Les bords latéraux, un
peu plus fortement arrondis en avant, rentrent, en arrière, presque
en ligne droite. Le dos du pronotum, à peu près lisse au milieu, avec
des granulations ou des points oblitérés, est fortement et densément
granulé sur les côtés. On aperçoit, au milieu, les vestiges, obsolètes,
d'un sillon longitudinal et de deux dépressions transversales, peu
visibles, l'une en avant, l'autre en arrière. Ecusson petit, triangulaire, assez épais.

Arrière-corps en ovale, acuminé postérieurement, où il est assez
brusquement déclive, déprimé en dessus, un peu plus large, à la
base, que la base du pronetum. Suture élevée, presque lisse en avant,
crénelée postérieurement; 1re côte dorsale lisse en avant, un peu
crénelée en arrière, où elle rejoint ou tend à rejoindre la côte latérale; elle est forte et saillante, dans la plus grande partie de son
trajet; 2e dorsale constituée de même, mais raccourcie en avant et,
surtout, en arrière, où elle se termine isolément et assez brusquement. Côte latérale saillante, forte, formée de crénelures allongées,
qui deviennent dentiformes. à l'extrémité. Côte marginale assez saillante et assez finement crénelée. Les intervalles sont couverts, assez
densément, de granulations de taille moyenne; réunies, le plus souvent, latéralement, sous forme de petites séries obliques ou transversales. Ces granulations deviennent plus petites, en arrière, et sur
les flancs, où elles sont assez serrées, et réunies, comme sur le dessus, en séries transversales et obliques.

Dessous de l'abdomen brillant, tantôt densément granuleux et ponctué, tantôt avec des granulations séparées, triangulaires et aplaties.

Tibias antérieurs fortement triangulaires à l'extrémité, avec une
apophyse terminale externe très prolongée, tantôt aiguë, tantôt spa-
tuliforme. Tibias intermédiaires assez profondément cannelés sur
leur face dorsale. Tibias postérieurs grêles, et plutôt aplatis, en
dessus, que creusés.

Patrie : Espagne : Cadix, Carthagène, Séville. Portugal.

Outre les variétés indiquées à la diagnose de Solier, nous ratta-
chons à cette espèce un individu provenant d'Espagne, sans autre
indication, et chez lequel la 2e côte dorsale, au lieu d'être lisse, est
formée de granulations séparées, qui deviennent des crénelures,
postérieurement.

La *P. incerta* ressemble, surtout, à la *P. costata* Waltl. Les côtes
latérale et marginale sont plus faibles que dans cette dernière espèce.
Elle est, fréquemment, confondue avec la *P. bætica* et sa variété
distincta Sol. Cependant, il suffit, pour la distinguer, d'un peu d'attention. Le pronotum est plus long et moins large, plus fortement
rétréci en arrière; sa plus grande largeur est située plus en avant,
jamais en arrière du milieu; le milieu du disque est plus fortement
granulé ou ponctué, beaucoup moins lisse. Les granulations des

élytres, réunies en plis transversaux, bien plus marquées ; les deux côtes dorsales plus élevées et plus étroites ; l'arrière-corps bien plus brusquement déclive postérieurement et avec ses côtés plus parallèles. Quant à la granulation forte du dessous de l'abdomen, indiquée par M. Kraatz, il y a des individus très caractérisés chez lesquels elle manque.

121. P. costata Waltl. Voyage en Espagne. II. 1835. p. 69. — Kr. l. c. p. 322-332.

    Var. A. (*hesperica* Sol.) Ann. Fr. 1836. p. 167.
    Var. B. (*lineata* Sol.)   Ibid.   p. 169.
    Var. C. (*Gadium* Sol.)   Ibid.   p. 169.
    Var. D. (*graphica* Baud.) D. ent. Zeit. 20. (1876.)

DIAGNOSE [1]. — *Nigra, subovata, supra depressa. Prothorace postice angustato; medio dorsi lævigato, latera versus granulato. Elytrorum costis laterali dorsalibusque validioribus. Interstitiis tuberculis parvis, plus minusve rugis junctis, nonnunquam disjunctis, tectis. Marginali costa serrato-crenulata. Tibiis anticis triangularibus, dente valido, extus terminatis. Tarsis quatuor posticis triangularibus.*

DESCRIPTION : Long. 20-23 mill. ; larg. 11-14 mill. — D'un noir plus ou moins brillant, plus ou moins déprimée en dessus, à arrière-corps en ovale, atténué postérieurement où il paraît tronqué, en raison de sa brusque déclivité en arrière.

Tête grossièrement ponctuée en avant et dans les fossettes anteoculaires, finement sur le front et le vertex, avec de petites granulosités pilifères, latéralement. Labre sinué, en avant, plus ou moins densément couvert de points piligères, et cilié de poils raides, d'un fauve brun. Menton nettement rebordé, présentant une ponctuation forte, écartée. Antennes assez robustes, atteignant à peine, en arrière, le niveau des hanches intermédiaires, à articles coniques, diminuant, très notablement, de longueur, du 4e au 8e ; le 9e article est à peine plus long que le 8e, plus large, ayant, à l'extrémité, une largeur à peu près égale à sa longueur ; 10e cupuliforme. Palpes d'un brun foncé, avec le dernier article plus clair.

Pronotum plus ou moins large relativement à sa longueur, qui est, au plus, de la moitié de sa largeur. Il est brusquement élargi, latéralement, au milieu, rétréci fortement en arrière, très convexe transversalement. Les bords antérieur et postérieur sont faiblement trisinués, frangés de poils blanchâtres. Angles antérieurs plus ou moins saillants ; angles postérieurs arrondis, précédés d'une sinuosité, bien marquée, du bord latéral. Dessus du pronotum lisse au milieu, très finement marqué de petits points très rares ou de quelques granules

____

(1) La diagnose de Waltl est trop brève pour prendre place ici.

oblitérés le long des bords antérieur et postérieur. Côtés couverts de granulations assez fortes, mais un peu déprimées. Prosternum non sillonné au milieu. Ecusson petit, triangulaire.

Arrière-corps de la largeur de la base du pronotum, s'arrondissant fortement aux épaules, qui sont, cependant, effacées. Il est plus ou moins déprimé en dessus et élargi latéralement, selon les variétés, toujours brusquement déclive en arrière, ce qui le fait paraître tronqué carrément, lorsqu'on l'examine de haut en bas. Les élytres sont couvertes de granulations plus ou moins serrées et réunies en séries ou rides transversales. Ces granulations sont, presque toujours, un peu oblitérées au voisinage de l'écusson. Suture plus ou moins élevée. Côtes dorsales lisses, saillantes : la 1re est à peine crénelée postérieurement ; la 2e l'est distinctement, et est raccourcie en avant et en arrière. Côte latérale saillante, crénelée, mais presque lisse au milieu, dentée postérieurement, plus large que la côte marginale, qui est plus saillante, à crénelures très serrées. Flancs des élytres couverts de granulations plus ou moins réunies en rides transversales et à peu près de même grandeur que celle du dessus des élytres.

Dessous de l'abdomen très brillant, à granulation rugueuse, confluente, entremêlée de points.

Pattes assez longues, robustes, densément couvertes de tubercules triangulaires. Tibias antérieurs peu denticulés sur leur bord externe, élargis, armés, en dehors, à l'extrémité, d'une dent triangulaire, forte et prolongée, assez acuminée. Quatre tarses postérieurs assez étroits, creusés sur leur face dorsale, plus profondément pour les pattes intermédiaires. Articles des quatre tarses postérieurs, triangulaires, peu élargis.

Patrie : Espagne : Andalousie, Murcie, Cadix, Séville, etc. Indiquée, par erreur, de Barbarie, par Solier (probablement ex. Gory).

Cette espèce, tout en étant facilement reconnaissable, varie dans des limites assez étendues. M. Kraatz a réuni, avec raison, trois *Pimelia* de Solier à la *P. costata* Walt, dont il a eu, entre les mains, des exemplaires typiques.

Var. A. (*hesperica* Sol.) est remarquable par ses côtes plus saillantes, plus lisses, plus larges, par la suture moins élevée, par les granulations plus rares du dos des élytres ; ces granulations sont isolées, à peine réunies en séries transversales. Le dessus de l'insecte est plus brillant, plus lisse, le pronotum moins large, plus long.

Var. B. (*lineata* Sol.) a la suture plus saillante, les côtes moins élevées, plus étroites, les granulations sont plus serrées, plus petites, réunies plus fortement par des rides transversales ; l'arrière-corps est un peu plus allongé, moins brusquement tronqué en arrière. Taille grande : 23 mill. sur 13 1/2 mill. (Solier.)

Var. C. *Gadium* (Sol.) est de taille plus petite ; les côtes sont plus étroites, moins élevées, la suture l'est plus que dans la var. *hespe-rica*. Granulations tout aussi fortes que dans cette dernière, mais souvent réunies en rides, et déformées. Côtes dorsales pouvant être déformées, et obsolètes en avant. (Kraatz.) — 20 mill. sur 11 mill. — Cadix. (Solier.)

Var. D. (*graphica* Baud.) Cette variété diffère beaucoup des autres et pourrait être considérée comme une espèce particulière. Le pronotum est plus court, beaucoup plus densément et finement granulé, avec les angles postérieurs obtus, plus marqués. Antennes à articles plus courts, plus épais; le 9e est plus large, plus court, moins triangulaire. Arrière-corps beaucoup plus densément granulé, avec des granules nombreux interposés aux granulations. Les côtes, beaucoup plus fines, sont nettement crénelées, excepté, quelquefois, la 1re. Les intervalles ne sont pas creusés, mais plans. Les granulations sont plus abondantes sur les flancs des élytres. — Espagne. Iles Baléares : Minorque. (Coll. Perez.)

122. **P. rugosa** (1) (Ol. Ent. III. 59. p. 10. pl. 4. fr. 8.

Syn. : *ryssos* Herbst. Kæf. VIII. p. 90. pl. 123. f. 4. — *salebrosa* Sol. l. c. p. 142.

Var. A. *ryssos* Sol. l. c. p. 141 (nec Herbst.)

---

(1) Les *Pimelia Atlantis, mauritanica, ryssos, salebrosa, Boyeri, Duponti* et *granifera*, nous paraissent toutes devoir être réunies à la *P. rugosa* Ol., que Herbst a décrite, de nouveau, sous le nom de *ryssos*, en reproduisant la figure de l'auteur français. A l'époque où Olivier décrivait son espèce, les insectes de l'Afrique boréale étaient rares ; ils étaient encore fort peu communs, en 1836, époque où Solier fit paraître sa monographie. Ses descriptions ont été faites sur des exemplaires, en petit nombre, et, souvent, sur des exemplaires uniques. Aujourd'hui, les *Pimelia* d'Algérie sont devenues innombrables, dans les collections, et il est permis d'en reconnaître l'extrême variabilité.

Des espèces que nous signalions, il y a un instant, deux, au moins, ont été décrites sur des exemplaires uniques : la *P. Atlantis*, dont nous avons vu le type, au Muséum de Paris, et la *P. granifera*. L'une et l'autre, ne sont que des variétés individuelles de la *P. Boyeri* Sol. Sur les cinq autres espèces, la *P. salebrosa*, dont nous avons vu le type, correspond, exactement, à la *P. rugosa* Ol. (*Ryssos* Herb t). Quant à la *Ryssos* Sol., il suffit d'en lire la description, pour y reconnaître une simple variété de la *P. rugosa* Ol. Les exemplaires, bien caractérisés, des trois autres espèces (*P. Duponti, mauritanica* et *Boyeri*), se distinguent, facilement, des exemplaires typiques de la *rugosa*. Mais ces espèces présentent des variations innombrables, et qui, souvent, font les passages entre elles et la *P. rugosa* Ol. Notre conviction personnelle est bien arrêtée, sur l'identité spécifique de toutes ces formes. Quoi qu'il en soit, nous décrirons, séparément, chacune des quatre formes principales : *P. rugosa* Ol. — *Duponti* Sol. — *mauritanica* Sol. — et *Boyeri* Sol., en indiquant leurs principales variétés. Dans le tableau dichotomique, nous avons cherché à en faciliter la détermination. Mais il est tellement difficile de trouver des caractères un peu constants, pour différencier ces formes d'un même type, que nous ne pensons pas que le tableau de ce groupe puisse être bien utile. Il faut une étude, longue et réitérée, de ces insectes, qui sont, du reste, communs aujourd'hui, dans les collections, pour arriver à distinguer les diverses formes typiques.

Diagnose Ol. — *Nigra, nitida, caput et thorax, punctis elevatis scabris. Elytra obtusa, lineis tribus elevatis obsoletis, submuricatis, spatiis rugoso-echinatis. Pedes rugosi.*

Description : Long. 18-21 mill. ; larg. 11 1/2-13 1/2 mill. — D'un noir légèrement brillant, déprimée sur le dos des élytres, en ovale assez court.

Tête ponctuée sur le vertex, granulée sur une étendue variable, ponctuée, grossièrement, en avant du sillon interantennaire, qui est habituellement très prononcé. Labre rugueusement ponctué sur son pourtour, finement au milieu. Menton ponctué superficiellement, échancré fortement et anguleusement, en avant. Antennes dépassant assez notablement le pronotum, en arrière, à articles assez épais, cylindro-coniques ; le 8e notablement plus court que le 7e ; 9e élargi, plus large que long. Palpes maxillaires noirs.

Pronotum plus de deux fois plus large que long, trisinué, en avant et en arrière. Angles antérieurs peu saillants ; les postérieurs à peine marqués, arrondis, le bord postérieur est un peu plus large que l'antérieur. Bords latéraux assez fortement et régulièrement arrondis. Le dessus du pronotum est couvert, latéralement, de granulations assez fortes, assez serrées, déprimées légèrement, et qui ne deviennent plus écartées qu'au niveau du bord interne des yeux. Le tiers moyen du pronotum est parsemé de granulations plus ou moins nombreuses, oblitérées, en partie, écartées largement et, quelquefois, disparaissant complètement. Ecusson en T renversé, très variable.

Arrière-corps à peine plus large à la base que le bord postérieur du pronotum, mais s'élargissant fortement et rapidement aux épaules. Les élytres, légèrement évidées à la base, qui est, parfois, rebordée, sont couvertes de granulations tuberculeuses, plus ou moins fortes, et presque toujours réunies en séries transversales. Ces séries forment, parfois, de véritables replis en bourrelets transversaux, surtout dans le 2e intervalle, et les tubercules qui les forment sont très peu distincts. En arrière, au contraire, ils deviennent plus petits et isolés. Chaque élytre a ses côtes habituelles formées de tubercules plus saillants, allongés ; mais ces côtes sont souvent plus ou moins effacées par les bourrelets transversaux qui s'assimilent les tubercules dont elles sont formées. Les replis tuberculeux se retrouvent, parfois, mais pas toujours, sur le 4e intervalle et sur les flancs des élytres. La côte marginale est formée d'une rangée de granulations très serrées, portant des poils dressés, noirs, très caduques, et dont il ne reste, parfois, aucunes traces. Le dessous de l'abdomen est couvert, plus ou moins densément, de tubercules squamiformes, triangulaires, aplatis.

Pattes très granuleuses. Tibias antérieurs médiocrement élargis, crénelés, le long du bord externe, avec une dent terminale externe, courte. Tibias postérieurs très larges sur le dos, plutôt aplatis que creusés. Les tibias intermédiaires assez fortement canaliculés sur la face dorsale. Quatre tarses postérieurs triangulaires.

Patrie : Algérie : Teniet el Haad, Tlemcen, Sidi-bel-Abbès, etc.

Var. A. (*ryssos* Sol.) — Granulations des élytres plus petites, plus serrées, bien moins effacées, en bourrelets transversaux. Dessous de l'abdomen bien plus densément granulé avec de petits points enfoncés entre les granulations.

Nous possédons cette variété de Tlemcen et de Sidi-bel-Abbès.

123. P. Duponti Sol. l. c. p. 136. — Syn. : *P. rugosa* (Dup. Coll.)

DIAGNOSE. — *Nigra, curta ovalis, convexa vel parum depressa. Capite punctato-rugoso. Prothorace supra valde tuberculato, medio dorsi sublævigato. Elytris tuberculis præcendenti (P. Boyeri) minoribus valde approximatis magisque regulariter transversim junctis. Costis tribus primariis ante subintegris vel vix longe crenatis, postice acute serratis : marginali aut quarta denticulata. Sutura costiformi, integra. Tibiis incrassatis. Abdomine tuberculis læxis lineatisque, haud punctato.*

Var. A. Sol. *Costa primaria dorsali subtuberculata.*

Var. B. Sol. (*P. rugosa* Dup. Coll.) *Abdomine tuberculis punctisque intersertis. Elytris dorso, leviter, depressis.*

DESCRIPTION : Long. 17-21 1/2 mill. ; larg. 11-14 mill. — D'un noir assez brillant, en ovale court, large, parfois subparallèle (ce qui donne alors à l'arrière-corps une forme subquadrangulaire) brusquement déclive, en arrière.

Tête grossièrement et rugueusement ponctuée en avant, presque lisse, avec des points écartés au milieu, granulée latéralement et finement alutacée tout à fait en arrière. Labre rugueusement et grossièrement ponctué, surtout en avant, avec son bord antérieur plus ou moins échancré et cilié de fauve au milieu, de brun latéralement. Menton tantôt lisse et finement rebordé, tantôt densément ponctué et largement rebordé, à échancrure antérieure très variable, rarement profonde. Antennes dépassant, en arrière, le pronotum, médiocrement épaisses, à articles diminuant de longueur du 4e au 8e ; 9e aussi large que long ; derniers articles d'un brun noir, ainsi que les palpes.

Pronotum subcylindrique, convexe, plus de deux fois plus large que long ; il est couvert latéralement, assez largement, de grosses granulations, subhémisphériques, déprimées légèrement et assez rapprochées ; ces granulations se continuent, parfois, très distinctement le long des bords antérieur et postérieur ; disque du pronotum presque toujours lisse au milieu, avec des dépressions transversales

plus ou moins évidentes ; il est très rarement couvert de granulations oblitérées, obsolètes. Bord antérieur légèrement bisinué, à
peine plus étroit que le postérieur ; angles antérieurs avancés, légèrement saillants, en avant et en dehors ; anglés postérieurs obtus,
ou à peine marqués et arrondis, peu rentrants, en arrière ; la plus
grande largeur du pronotum est au milieu de sa longueur. Prosternum ordinairement réfléchi en haut, mais quelquefois un peu prolongé, en arrière.

Arrière-corps constitué comme il a été dit plus haut, à peine plus
large à la base que la base du pronotum. Suture rebordée, assez
élevée, lisse en avant, tuberculeuse en arrière. Elytres modérément
sinuées à la base, très densément couvertes, dans chaque intervalle,
de tubercules saillants de taille moyenne, très régulièrement réunis en
bourrelets transversaux. Cette disposition se retrouve, à peu près sur
le 4ᵉ intervalle et sur les flancs de l'élytre, où les bourrelets, cependant, sont moins marqués, et les tubercules plus petits. Les côtes
dorsales, surtout la première, sont lisses, en avant, ou légèrement
marquées de crénelures allongées, superficielles. Elles sont fortes et
saillantes : la côte latérale l'est également, mais elle est plus franchement tuberculeuse, à dents rapprochées, dressées tout à fait, en
arrière. An milieu des élytres, elle est toujours placée un peu plus
près de la côte marginale que de la 2ᵉ dorsale ; la côte marginale est
formée de petites dents serrées, peu saillantes. Elle présente, ainsi
que les parties latérales et la partie postérieure du dos des élytres
des poils longs, noirs, dressés, dont il ne reste, habituellement, que
des vestiges. Abdomen granulé, en dessous, d'une manière très
variable, même chez les individus à forme typique.

Pattes robustes, fortement granuleuses. Tibias antérieurs peu
élargis à l'extrémité. La dent terminale externe est courte, quelquefois
un peu recourbée en haut. Tibias intermédiaires et postérieurs larges,
ces derniers faiblement, les autres profondément creusés sur la face
dorsale. Quatre tarses postérieurs de longueur moyenne, très hispides,
triangulaires.

Patrie : Algérie : Province d'Oran (Oran, Tlemcen, Daya).

La var. A., de Solier, ne diffère du type que par sa 1ʳᵉ côte dorsale
crénelée dans sa partie antérieure au lieu d'être lisse ; cette côte est,
en général, moins fortement tuberculeuse que dans la *P. Boyeri*.

Quant à la var. B., de Solier, fondée sur une différence dans la
sculpture du dessous de l'abdomen, nous ne nous y arrêterons pas,
rien n'étant plus variable que la sculpture des segments abdominaux.

124. P. mauritanica Sol. l. c. p. 139. (Dj. Cat. 3ᵉ édit.)

DIAGNOSE Sol. — *Nigra, ovalis, convexa. Capite granulato. Prothorace medio leviter dilatato, tuberculato, medio dorsi sublævi-*

gato. Elytris tuberculis maximis, seriebus dispositis; singula seriebus quatuor magis regularibus, marginali acute dentata.

DESCRIPTION (1) : Long. 16-20 1/2 mill.; larg. 1s-13 mill. — En ovale plus ou moins raccourci, assez brillante, légèrement convexe en dessus.

Tête couverte, plus ou moins densément, de petites granulations, et de points enfoncés, pilifères. Impression interantennaire peu marquée. Labre densément ponctué. Menton granuleux ou ponctué, à échancrure antérieure très variable. Antennes dépassant le pronotum, en arrière, à articles hispides, épais, le 9ᵉ au moins aussi large, ou plus large que long, le 10ᵉ très transversal. Palpes maxillaires d'un noir très intense.

Pronotum au moins deux fois plus large que long. Bord antérieur trisinué, avec les angles antérieurs aigus et saillants, moins large que le bord postérieur ; angles postérieurs obtus, le plus souvent bien marqués, rarement effacés ou un peu arrondis. Bords latéraux plus ou moins arrondis, extérieurement, au milieu. Le disque est couvert, assez densément, de granulations, assez fortes sur les côtés. Dans le tiers moyen, ces granulations sont, plus ou moins, oblitérées. Prosternum terminé, en arrière, par un bec légèrement prolongé, acuminé, ou se réfléchissant, en haut, sans prolongement rostriforme.

Arrière-corps de forme assez variable, tantôt subhémisphérique, tantôt en ovale court ; il est convexe, toujours, assez notablement, plus large à la base que la base du pronotum. Elytres non, ou à peine, évidées à la base, à sculpture variable. La cote marginale est, toujours, formée par une série de dents de scie aiguës, séparées, saillantes, droites en arrière, presque recourbées en crochet antérieurement, hérissées de poils noirs, assez longs, dressés comme sur les intervalles externes et sur la partie postérieure des élytres. Côte latérale plus rapprochée de la marginale que de la 2ᵉ dorsale, formée d'une série de gros tubercules allongés et mousses, en avant, dressés et dentiformes, en arrière. La 2ᵉ dorsale, souvent plus indistincte, en avant, où les tubercules sont plus séparés, est constituée de même : même structure pour la 1ʳᵉ côte dorsale. La suture peu ou point saillante et indistinctement rebordée en ligne, légèrement tuberculeuse, en arrière seulement. La granulation des intervalles, qui se présente sous deux types principaux, offre un caractère constant : c'est de diminuer de grosseur, très régulièrement, de dedans en dehors et d'avant en arrière, et d'être, presque toujours, un peu oblitérée et con-

---

(1) Nous n'avons pu voir les types de Solier, qui faisaient partie de la collection Dupont jeune. Mais nous ne doutons pas de la détermination de cette espèce, la seule qui réunisse des tibias postérieurs fort élargis, une cote marginale en dents de scie aiguës, et le prosternum terminé, parfois, par un bec prolongé en pointe.

fuse, dans le premier et, quelquefois, dans les deux premiers intervalles. Tantôt, cette granulation se compose de tubercules assez rares, séparés, à partir du 2e intervalle, plus ou moins sérialement rangés. Tantôt, ces tubercules sont confluents, et forment des bourrelets transversaux, empiétant même, quelquefois, sur les côtes dorsales, qui sont beaucoup moins marquées en avant, dans cette dernière forme. Cette différence de la granulation des intervalles donne un aspect très différent aux deux formes que nous venons de décrire. La 1re forme rappelle certaines variétés de la *P. granulata* Sol., ou de la *P. papulenta* Reiche, surtout lorsque le 4e intervalle, et le 3e en arrière, sont couverts, comme cela arrive, parfois, d'une pubescence couchée grisâtre. Les flancs sont, toujours, parsemés de fines granulations écartées. L'abdomen, en dessous, est couvert de granulations plus ou moins serrées.

Pattes assez courtes, robustes : les tibias antérieurs, médiocrement élargis, sont terminés, en dehors, par une dent de longueur moyenne, et dentelés extérieurement. Tibias postérieurs très larges, ainsi que les intermédiaires, qui sont plus profondément creusés sur leur face dorsale. Quatre tarses postérieurs triangulaires, ayant les ongles très écartés.

Patrie : Algérie : Lalla-Marnia, Daya, Géryville, Boghari, Bou-Saada, etc.

Les individus bien caractérisés de la *P. mauritanica*, sont facilement reconnaissables : elle forme passage entre certaines variétés de la *P. Duponti* et de la *P. Boyeri*. Quant aux exemplaires où la granulation élytrale, en bourrelets, empiète sur les côtes, qui tendent à disparaître, il est à peu près impossible de les distinguer de la *P. rugosa* typique.

125. **P. Boyeri** Sol. l. c. p. 143. — Syn. : *atlantis* Ibid. p. 139.

    Var. A. (*granifera* Sol. Ib. p. 147.

    Var. B. (*rugifera* Sol.) Ib. p. 144.— Syn. : *nervosa* (Dup. in litt.)

DIAGNOSE Sol. — *Nigra, ovalis, curta vel globosa, convexa vel vix depressa. Prothorace lateribus valde tuberculato. Elytris tuberculis satis magnis, densis, transversimque irregulariter junctis, singula costis quatuor parum prominulis, laterali marginalique acute, dorsalibus obtuse, serratis ; sutura plus minusve elevata, tuberculata vel subintegra. Tibiis incrassatis spinosulis. Abdomine tuberculis laxis lunatisque, haud punctato.*

DESCRIPTION : Long. 13-19 mill. ; larg. 9 1/2-12 mill. — De forme très variable, tantôt en ovale allongé, peu aplati, tantôt arrondie et plus déprimée sur le dos.

Tête assez grossièrement ponctuée, en avant, sur les côtés surtout,

avec les points et de petites granulations pilifères et écartées sur le
reste de son étendue, un sillon interantennaire et une dépression
obsolète sur le milieu du front. Labre rugueusement ponctué, en
avant, où il est peu sinué, et assez longuement cilié de poils brunâtres. Labre fortement échancré, en avant, presque lisse. Antennes
dépassant un peu, en arrière, le bord postérieur du pronotum, assez
épaisses, à articles 8e et 9e au moins aussi larges que longs.

Pronotum assez court, transversal, légèrement bi ou tri-sinué, en
avant, avec les angles antérieurs souvent un peu saillants, en avant,
et aigus. Le bord postérieur est légèrement concave, en arrière ;
angles postérieurs très obtus, à peine marqués ; bords latéraux arrondis, surtout au milieu, où est située la plus grande largeur du
pronotum. Le bord postérieur paraît être un peu plus large que le
bord antérieur. La surface supérieure du pronotam est assez densément couverte, sur les côtés, de tubercules assez gros et aplatis, qui
se continuent en devenant beaucoup plus rares le long des bords
antérieur et postérieur, mais surtout en arrière, où ils se rejoignent
en formant une bande étroite au devant du bord postérieur. Le milieu du disque est presque lisse, avec quelques granulations oblitérées. On y remarque rarement la trace d'un sillon médian, longitudinal, et presque toujours une dépression transversale, postérieure,
précédée immédiatement par une saillie gibbeuse du pronotum ;
on trouve quelquefois, en outre, une dépression transversale
moins marquée, en avant. Écusson en triangle, allongé transversalement.

Arrière-corps débordant plus ou moins la base du pronotum de
chaque côté, en ovale régulier, plus ou moins court. Les élytres sont
couvertes de tubercules assez forts, réunis en séries, au moins en
avant, par des rides transversales, irrégulières. Suture élevée, habituellement, subtuberculense, quelquefois presque lisse, en avant ;
côtes dorsales ordinairement bien saillantes, fortes, formées de tubercules, obtus. En arrière, elles se terminent par une rangée de tubercules assez petits, écartés, qui se confondent avec les tubercules ana-
logues des intervalles. Côte latérale plus étroite, formée de tubercules plus aigus et plus serrés. Côte marginale mince, formée de
crénelures assez écartées, surtout en avant, et portant, en arrière
surtout, un poil long, très caduque. Flancs des élytres couverts de
granulations à peu près identiques à celles du 4e intervalle et
séparées en séries par des rides transversales, excepté en arrière, où
ces rides manquent, quelquefois, complètement.

Abdomen parsemé de granulations squamiformes, écartées, plus
ou moins fortes, mais toujours aplaties. Elles sont très variables
comme densité, et assez souvent entremêlées de points ou parfois de
quelques rugosités.

Tibias antérieurs courts, assez forts, terminés, en dehors, par une dent courte, mais bien marquée. Tibias intermédiaires profondément creusés sur le dos. Tibias postérieurs larges, sur leur face dorsale, et peu profondément cannelés. Les pattes, dans leur ensemble, sont assez robustes, courtes, souvent incurvées, en dedans, et couvertes de tubercules très forts. Tarses triangulaires, hispides.

Patrie : Algérie : Bône, etc., etc.

On a signalé la capture de la *P. Boyeri*, en Espagne, en Egypte et en Syrie. Cette assertion est, certainement, le résultat d'une erreur de détermination, ou de fausses indications de localité.

La *P. Boyeri* est une des espèces les plus variables. On pourrait en multiplier les variétés à l'infini. La sculpture en dessus et en dessous, la forme de l'insecte, sa taille, sont extrêmement diversifiées, et l'on pourrait, facilement, créer 10 ou 12 types spécifiques différents, si l'on ne trouvait pas tous les passages entre ces différentes formes. Nous nous contenterons, ici, de signaler deux de ses variétés les plus remarquables.

Var. A (*granifera* Sol.). Cette variété, décrite par Solier comme une espèce, et sur un seul exemplaire, provient de Bône. Nous en possédons un exemplaire, presque absolument conforme à la description de l'auteur, et de même provenance.

Elle se distingue, surtout, par la forme allongée de l'arrière-corps, qui est étroit, et par la largeur relative du pronotum, presque aussi large, au milieu, que les élytres. Les granulations, bien marquées, du dessus de l'élytre, sont réunies, dans le 2e intervalle surtout, en bourrelets transversaux, saillants, qui rappellent la disposition existant, dans la *P. rugosa* typique. Solier indique que les tubercules sont oblitérés, dans le 1er intervalle, au voisinage de l'écusson. Cette particularité n'existe pas dans notre exemplaire.

Nous n'avons pas vu le type de Solier. L'individu désigné comme tel, dans la collection de Marseul, est une *Pimelia ruida* Sol. Il y a eu là une erreur évidente.

Nous possédons un certain nombre d'exemplaires, établissant un passage presque complet, de la *P. Boyeri* à la var. A.

Var. B (*rugifera* Sol.). — Cette variété, très répandue, surtout en Tunisie, où elle paraît être beaucoup plus commune, que le type, est, elle-même, très variable, comme forme et comme taille. Nous en avons vu des exemplaires relativement énormes ; d'autres, très petits. Ceux-ci sont, en général, beaucoup plus convexes. Elle est caractérisée, surtout, par la disparition de la sculpture des élytres. Dans les exemplaires les plus caractérisés, les élytres deviennent presque lisses : chez les individus faisant passage à la *P. Boyeri*, les tubercules et les côtes des élytres s'oblitèrent, de plus en plus, en procédant de dehors en dedans. De là, des différences, très considérables, dans l'aspect de cette variété. Comme dans le type de la *Boyeri*, la granulation de l'abdomen est, ou n'est pas, entremêlée de points. Cette particularité se rencontre, au reste, dans toutes les formes de la *P. rugosa* Ol.

Patrie : Algérie : Batna, Aurès ; Tunisie. CC.

Il serait impossible de signaler toutes les variétés que l'on pourrait établir sur la seule *P. Boyeri*. Comme les *P. granulata* Sol. et *Fairmairei* Kr., elle varie à l'infini.

126. P. punctata Sol. l. c. p. 148. — Kr. l. c. p. 318. 330. — (Dj. Cat. coll. Dupont.)

Syn. : *crassipes* Sol. l. c. p. 190.

DIAGNOSE Sol. — *Nigra, ovalis, convexa, subglobosa. Prothorace brevissimo, lateribus tuberculis mediocribus rotundatis. Elytris tuberculis magnis, approximatis rugisque transversis junctis ; lateribus tuberculis minoribus, minutissimisque intersertis ; rugis nullis. Singula seriebus tribus ante parum distinctis et costa marginali prominula, crenata. Tibiis posticis supra latis.*

DESCRIPTION : Long. 14-19 mill. ; larg. 10-12 1/2 mill. — D'un noir peu brillant, en ovale court, à arrière-corps suborbiculaire, assez convexe.

Tête lisse au milieu, rugueusement ponctuée, en avant d'une impression interantennaire, granulée, finement et peu densément, sur les côtés. Labre ponctué en avant, presque lisse postérieurement. Menton peu distinctement ponctué, rugueux, nettement et peu profondément échancré en avant. Antennes atteignant à peine, en arrière, le niveau des hanches intermédiaires, trapues, à articles courts, diminuant de longueur du 4e au 8e ; 9e article transversal, court, plus large que tous les autres ; 10e transversal.

Pronotum très court, à bords antérieur et postérieur presque droits. Angles antérieurs peu marqués, presque nuls ; angles postérieurs obtus, à peine indiqués, précédés par un léger sinus du bord latéral, qui est réfléchi en dedans à ce niveau. Bords latéraux assez régulièrement arrondis. La plus grande largeur du pronotum est en arrière du milieu de sa longueur. Dos du pronotum largement lisse au milieu, avec quelques granulations oblitérées, presque imperceptibles, disséminées en arrière du bord antérieur. Côtés du pronotum couverts de granulations arrondies, assez rapprochées, un peu aplaties au voisinage de la partie lisse du pronotum. Ecusson court, en T renversé, avec la branche antérieure courte et large.

Elytres formant un arrière-corps en ovale suborbiculaire, assez régulièrement convexe en dessus, et sensiblement de même largeur, en avant et en arrière. Elles sont couvertes, peu densément, de tubercules plus ou moins saillants, souvent réunis latéralement par groupes de deux ou trois, de façon à former des bourrelets tuberculeux, transversaux ; entre les tubercules, on aperçoit le fond de l'élytre, finement et très régulièrement pointillé et chagriné. Les côtes dorsales manquent complètement, ou sont à peine indiquées par une série longitudinale de tubercules. La côte marginale, saillante dans toute son étendue, est formée d'une rangée de granulations pressées les unes contre les autres. La côte latérale, également assez nette dans les 2/3 postérieurs de l'élytre, est formée de tubercules écartés. Les flancs des élytres sont parsemés de granulations isolées et plus petites que celles du dessus. Abdomen couvert, peu densément, de granulations très effacées, dans l'intervalle desquelles se trouve, chez quelques individus, une ponctuation peu distincte.

Pattes robustes, à granulation oblitérée. Tibias antérieurs élargis, avec une dent externe bien prononcée et, habituellement, assez aiguë. Tibias intermédiaires et postérieurs larges sur le dos : les premiers sont plus profondément creusés ; les uns et les autres, vus latéralement, présentent une légère incurvation, à concavité supérieure. Quatre tarses postérieurs glabres, à articles assez allongés.

Patrie : Espagne : Madrid, Séville.

Nous avions déjà réuni à cette espèce, la *P. crassipes* de Solier, avant d'en avoir vu le type donné par M. Gené, et dont il ignorait la provenance. L'examen de ce type, de la collection de Marseul, est venu confirmer cette réunion. C'est à tort que Solier a rangé sa *P. crassipes* dans le s.-g. *Amblyptera*. Les épaules ne sont pas plus avancées, en avant, que dans la *P. punctata*, et le rebord latéral du pronotum est très marqué, dans toute son étendue. La *P. crassipes* ne constitue pas même une variété.

127. P. monticola Rosenh. Th. Andal. p. 192. — Rambur. in litt. Kr. l. c. p. 318-330.

DIAGNOSE Rosenh. — *Brevis, subovalis, convexa, nigra, nitida; capite antice punctato; prothorace brevi, transverso, medio lævigato, lateribus tuberculato; elytris subglobosis, transversim valde plicato-rugosis, singulo quadricostato-tuberculato, costis antice obsoletioribus; tibiis posticis supra modice angustatis.*

DESCRIPTION : Long. 15-16 mill. ; larg. 9 1/2-10 mill. — D'un noir très brillant, en ovale court et large ; très convexe, rarement un peu déprimée sur le milieu du dos des élytres.

Tête presque lisse, en arrière, plus ou moins ponctuée, en avant, et, parfois, rugueusement. Sillon interantennaire peu marqué, une impression frontale le plus souvent double et souvent très marquée. Yeux relativement peu saillants. Labre petit, plus ou moins arrondi latéralement, subsinué et très brièvement cilié de poils, le plus souvent, brunâtres ; il est, parfois, rugueusement ponctué. Menton petit, pro-

fondément échancré, en avant, plus ou moins rugueusement ponctué.
Antennes robustes, dépassant, en arrière, le bord postérieur du pronotum, noires (même les derniers articles). Articles 4-7 subégaux,
un peu plus longs que larges, 8e petit, aussi long que large;
9e et 10e plus grands, aussi larges que longs, 11e très court. Palpes
noirs.

Pronotum très court, quelquefois, légèrement sinué, en avant.
Angles antérieurs presque nuls ; bords latéraux, arrondis, avec la
plus grande largeur du pronotum située en arrière du milieu de sa
longueur. Angles postérieurs très obtus, parfois tout à fait arrondis.
Le milieu du dos du pronotum est largement lisse, brillant, avec
quelques dépressions inégales, obsolètes. Côtés marqués de granulations peu serrées, déprimées. Ecusson petit, en forme de sa-
blier.

Arrière-corps subhémisphérique, à base fortement trisinuée, plus
large que la base du pronotum. Les épaules sont assez fortement
projetées, en avant, de manière à rappeler un peu celles du s.-g.
Amblyptera. Vu de profil, l'arrière-corps est fortement convexe, fortement, et non brusquement déclive, en arrière. Suture nettement
rebordée, lisse, habituellement un peu saillante, en avant; elle l'est
toujours en arrière. Les deux côtes dorsales sont distinctes, mais peu
saillantes, effacées parfois, larges, à crénelures longitudinales
mousses, plus ou moins prolongées : la 1re dorsale est quelquefois
presque lisse, en avant. Elles se réunissent postérieurement. La côte
latérale, toujours plus rapprochée de la marginale que de la côte
2e dorsale, est entière, formée de crénelures allongées, séparées et
effacées, surtout en avant. La côte marginale, finement crénelée, est
entière : les crénelures qui la constituent sont un peu moins serrées
dans le milieu de la longueur. Les intervalles sont marqués de gros
tubercules, souvent presque complètement oblitérés, plus ou moins
réunis en rides transversales et qui deviennent saillants et beaucoup
plus petits à l'extrémité et dans le 4e intervalle. Là ils forment, souvent, une ligne longitudinale dans la première partie de l'élytre.
Flancs des élytres couverts de petites granulations triangulaires,
réunies par des rides transversales bien marquées. Abdomen à granulations, ordinairement assez serrées, de petite taille, et placées sur
un fond finement pointillé.

Tibias antérieurs assez élargis à l'extrémité, à dent externe ordinairement forte et assez aiguë. Tibias intermédiaires, relativement,
peu profondément canaliculés, sur le dos; les tibias postérieurs le
sont encore moins. Tarses à articles triangulaires allongés : tous
les ongles sont d'un brun clair.

Patrie : Espagne (montagnes) : Sierra-Nevada ; commune à S.-Ge-
ronimo, 7,000 pieds d'élévation (Kraatz). — Sierra de Bacaves,
Grenade.

128. P. rotundata Sol. l, c. p. 149. — Kr. l. c. p. 319-330.

Syn. : *hispanica* Sol. l. c. p. 150.

Var. A. ♀. *Depressa, validius rugato-granulata.*

DIAGNOSE Sol. — *Nigra, convexa, breviter ovalis, subglobosa. Capite sublævigato. Prothorace parvo, lateribus tuberculato. Elytris supra transversim vix rugatis, subæqualibus. Singulo costa marginali leviter prominula, crenulata seriebusque tribus parum distinctis. Tibiis posticis supra sublatis, valide arcuatis.*

DESCRIPTION (1) : Long. 13 1/2 - 17 1/2 mill. ; larg. 9 - 11 mill. — En ovale court, convexe ♂, quelquefois déprimé et progressivement déclive en arrière ♀.

Tête presque lisse, avec des points rugueux, confluents, sur la partie antérieure, jusqu'au niveau du sillon anterantennaire. Labre finement granuleux et ponctué, cilié de brun. Menton rebordé, nettement mais peu profondément échancré, faiblement ponctné. Antennes fortes, dépassant à peine la base du pronotum, en arrière, à articles courts, épais ; le 9e aussi large que long. Palpes brillants, noirs.

Pronotum plus de deux fois plus large que long, de largeur sensiblement égale, en avant et en arrière, à côtés assez régulièrement arrondis. Bords antérieur et postérieur très légèrement trisiuués. Superficie du pronotum largement lisse au milieu, avec une dépression transversale médiane, obsolète. Côtés assez fortement, mais peu densément, granulés. Prosternum sillonné et réfléchi en haut, en arrière. Ecusson petit, transversal, variable.

Arrière-corps plus large, à la base, que la base du pronotum. Epaules arrondies, assez fortement, et un peu avancées. Elytres distinctement évidées à la base, couvertes de petites granulations, réunies ou non, en séries transversales, toujours plus petites, et isolées en arrière. Les deux côtes dorsales et la côte latérale sont formées de rangées longitudinales de granulations, plus ou moins marquées ; les deux dorsales tendant à disparaître en arrière ; côte latérale plus prolongée. La côte marginale, finement crénelée, et saillante, dans toute son étendue, quelquefois un peu élargie en avant, par l'adjonction de quelques petits granules. Flancs couverts de fines granulations, un peu plus écartées, tout à fait en avant. Dessous de l'abdomen alutacé granulé finement, et plus ou moins densément, et, quelquefois, granulé et ponctué.

Tibias antérieurs à dent externe forte, aiguë. Tibias intermédiaires assez profondément creusés. Tibias postérieurs de largeur ordi-

---

(1) Description faite sur cinq individus de la collection de Marseul. Parmi ces individus, il y a le type de la *P. rotundata* et deux exemplaires typiques de la *P. hispanica*.

naire, incurvés, en haut, non élargis et peu profondément évidés.
Quatre tarses postérieurs à articles fortement triangulaires.

Patrie : Espagne : Carthagène.

M. Kraatz avait déjà réuni les *P. rotundata* et *hispanica*, sur
l'examen des types. Cette réunion nous paraît incontestable. Nous
croyons que le type unique de la *P. rotundata* Sol. est un individu
accidentellement plus convexe.

Un des deux types de Solier, de la *P. hispanica*, représente la
forme que nous séparons comme variété A.

Elle se distingue de la forme typique : par la ponctuation de la tête
s'avançant sur le front ; par la forme aplatie et plus progressivement
déclive, en arrière, de l'arrière-corps ; par les granulations plus
fortes et beaucoup plus réunies latéralement, et qui simulent des
bourrelets tuberculeux transversaux ; par les côtes plus distinctes, etc., etc.

Cette espèce, par ses épaules avancées, vient se placer à côté du
s.-g. *Amblyptora*, où nous n'eussions pas hésité à la ranger si nous
avions trouvé un seul exemplaire où le rebord latéral du pronotum
tendît à s'effacer au milieu.

La *P. rotundata* est peu répandue dans les collections.

129. P. Brisouti Sén. Ann. Fr. 1885. — Bull. p. LXXXXII.

DIAGNOSE. — *Nigra, nitida vel subnitida, oblongo-rotundata,
valde convexa. Caput parcissime, ante grossius, punctatum ; antennæ prothoracis basin valde superantes, robustæ, nigro-nitidæ.
Articulis tertio, quarto, quinto, sextoque longe extus ciliatis
(♂?), nono subgloboso longitudine latior. Prothorax brevis, lateribus rotundatis, postice latior, in medio dorsi lævis, latera versus
parce granulatus. Elytra ante trisinuata, humeris leviter productis, ubique tuberculis prominentibus, disjunctis aut transversim commissis, tecta. Costæ dorsales tuberculatæ, vel longe crenatæ,
elevatæ, nonnunquam, antrorsum evanescentes et solum-modo
postice perpicuæ : lateralis costa, crenata, postice subdentata,
simper evidentior ; marginalis autem prominens, crenata, sub-
denticulata. Tibiæ anteriores paulum dilatatæ, dente parvo extus
terminatæ. Intermediæ posterioresque supra angustæ, defossæ.
Tarsorum articuli triangulares, angusti.*

DESCRIPTION : Long. 14-15 mill. ; larg. 9-11 mill. — D'un noir plus
ou moins brillant, en ovale court, élargi, très convexe.

Tête marquée de quelques points disséminés, plus forts, et parfois rugueux, en avant, et qui sont quelquefois convertis partiellement
en granulations sur les côtés. Impression interantennaire souvent bien
marquée. Labre très finement ponctué, subsinué et cilié, en avant,

de poils noirâtres sur les côtés, d'un fauve doré au milieu. Menton petit, convexe, presqu'imperceptiblement ponctué, à échancrure antérieure nette, mais peu profonde. Antennes atteignant les hanches intermédiaires, en arrière, robustes, à articles subcylindriques épais, diminuant de longueur du 3e au 8e; 9e subglobuleux, au moins aussi large que long, d'un noir intense et brillant, ainsi que le 10e, qui est court et transversal, et la base du 11e, dont l'extrémité est blanchâtre. Les articles 3, 4, 5 et 6 sont ciliés (♂?) de longs poils noirs, en séries linéaires.

Pronotum très court, convexe transversalement, assez fortement trisinué, en avant et en arrière, avec les angles antérieurs aigus et légèrement saillants, les angles postérieurs obtus, à peine indiqués. Bords latéraux fortement arrondis, avec la plus grande largeur du pronotum vers le tiers postérieur de la longueur. Dos du pronotum lisse, au milieu, avec une ponctuation très écartée, à peine visible, et souvent les vestiges d'une fine carène longitudinale. Les côtés sont parsemés de granulations de petite taille, espacées, qui laissent entre elles des espaces inégaux. De chaque côté, une fossette, plus ou moins marquée; elles sont rarement réunies par une dépression médiane transversale. Ecusson petit, triangulaire.

Arrière-corps en ovale court, suborbiculaire, fortement déclive, postérieurement; il est un peu élargi, en arrière, et généralement plus large (♀), un peu déprimé sur le dos, entre les deux premières côtes dorsales, et fortement bisinué, en avant, avec les épaules un peu avancées. Les élytres sont couvertes de tubercules triangulaires, assez saillants, et plus ou moins réunis, transversalement, dans le type de l'espèce, arrondis et séparés dans la var. A; les tubercules des élytres diminuent de grosseur à mesure qu'on se rapproche du bord des élytres. Les côtes dorsales, longuement crénelées, presque lisses et saillantes, chez certains individus, se confondent souvent, en avant, avec les tubercules des élytres, dans d'autres; parfois même elles ne sont appréciables que tout à fait en arrière. La côte latérale, crénelée, entière, est toujours bien marquée; elle est située un peu plus près de la côte marginale que de la 2e dorsale. La côte marginale est saillante, finement crénelée ou denticulée. La 2e dorsale, plus courte que les autres, en arrière, se réunit souvent à la 1re avant que celle-ci ne rejoigne la côte latérale. Les flancs des élytres sont parsemés, assez densément, de tubercules triangulaires, plus ou moins oblitérés et réunis par des rides transversales. Le dessous de l'abdomen, brillant, est densément ponctué, avec de petits tubercules plus ou moins rapprochés. Le dernier segment est très souvent élevé, longitudinalement, au milieu, avec une dépression peu marquée de chaque côté.

Pattes courtes. Tibias antérieurs peu élargis à l'extrémité, qui porte, en dehors, une petite dent peu prolongée, assez aiguë. Tibias postérieurs et intermédiaires étroits; ceux-ci sont plus profondément canaliculés sur le dos. Tarses à articles triangulaires, peu larges.

Patrie : Algérie : Le Kreider, Géryville.

Var. A. — Un peu plus orbiculaire, plus mate, à tubercules élytraux plus séparés, quelquefois à peine réunis, transversalement, et de taille un peu moindre. Elle provient d'Algérie, sans autre désignation.

Cette espèce portait, dans la collection Reiche, le nom de *nitida* Sol., inédit. — Nous n'avons pas cru devoir conserver ce nom, peu caractéristique. Elle a été rapportée, en 1884, par M. Brisout, auquel nous la dédions, et par M. Bedel. Les exemplaires de Géryville ont été recueillis par M. le docteur Munier.

Cette espèce, voisine de la *P. Buqueti* Luc., en diffère cependant assez pour qu'on ne puisse la réunir à celle-ci, même à titre de variété. La granulation est tout autre, la tête et le pronotum ont une sculpture différente. Les antennes sont plus longues. Les épaules beaucoup moins avancées, les côtes constituées différemment, la taille plus grande, la forme plus aplatie du milieu des élytres, sont autant de caractères qui ne permettent aucune confusion entre ces deux espèces.

130. P. Buqueti Luc. Ann. Fr. 1858. Bull. p. ccxxi.

Diagnose (1). — *Nigra, subnitida, late rotundato-ovata, supra medio depressa, postice, lateraque versus valde convexa, caput, lævissime, opacum, ante parce punctatum. Antennæ breves, crassæ, articulis tertio, quarto, quinto, sextoque, longe seriatim nigro ciliatis* (♂). *Thorax latus, brevis, valde convexus, et fortius a lateribus rotundatus, supra medio, late lævis, latera versus minute granulatus. Elytra oblonga, ante posticeque pariter rotundata, in medio dorso depressa, ad basin sinuata, humeris ante valde productis, rotundatis. Costæ dorsales magnis, disjunctis, subobliteratis elongatisque tuberculis formatæ, prima ante deficiente, secunda postice abbreviata ; laterali angustior prominente, crenata, retrorsum denticulata ; marginali, basin versus valde prominente, minutissime crenulata. Interstitia tuberculis inæqualibus, majoribus nonnunquam in longitudinem seriatim instructis, tecta, versus basin et presertim in interstitio primo evanescentibus. Pedes longi. Tibiæ anticæ dente parvo extus instructæ, posteriores et intermediæ angustæ, supra, et subcanaliculatæ. Tarsi quatuor postici elongati. Abdomen subtus minute punctato-granulatum.*

---

(1) M. Lucas n'a pas donné de diagnose latine de cette espèce. Celle que nous donnons ici, et la description qui suit, ont été faites sur l'individu typique, unique du Muséum, et sur un individu, également unique et absolument identique, existant dans la collection Mniszech et communiqué par Mʳ R. Oberthür.

DESCRIPTION : Long. 15 1/2 mill. ; larg. 9 1/2-10 mill. — D'un noir peu brillant, en ovale arrondi, déprimée sur le milieu du dos dés élytres, qui sont également larges, en avant et en arrière.

Tête mate, très lisse, excepté en avant, où se trouvent disséminés quelques points assez gros. Entre les antennes existe, sur l'exemplaire mâle, une carène transversale, en avant de laquelle la partie antérieure de la tête est nettement bifovéolée. Labre densément ponctué, peu sinué, en avant, où il est cilié de poils jaunes au milieu, brunâtres sur les côtés. Menton assez profondément échancré, ponctué. Antennes assez robustes, hispides, dépassant, en arrière, la base du pronotum : les articles 3, 4, 5, et même une partie du 6e, sont ciliés d'une rangée de longs poils noirs (♂); 9e et 10e articles plus larges que longs.

Pronotum très court, très convexe latéralement, très élargi un peu en arrière du milieu de sa longueur, assez fortement trisinué, en avant, avec les angles antérieurs un peu saillants, surtout en dehors. Bord postérieur un peu concave, en arrière, au milieu ; angles postérieurs obtus, peu marqués, presqu'arrondis. Le pronotum est largement lisse en dessus, avec ses parties latérales densément et finement granulées. Prosternum faiblement prolongé et rebordé, en arrière. Ecusson petit, en T renversé.

Arrière-corps débordant, largement, de chaque côté, la base du pronotum, avec les épaules avancées, fortement arrondies ; il est suborbiculaire, allongé, un peu plus large, en avant, qu'en arrière. Suture légèrement élevée, rebordée et lisse, en avant, subtuberculeuse, en arrière. 1re côte dorsale obsolète, oblitérée, en avant, formée, en arrière, de larges crénelures, allongées et effacées, dans la 2e moitié. 2e côte dorsale formée de même, mais ne commençant qu'à une petite distance de la base, un peu raccourcie, en arrière. Côte latérale plus mince, crénelée, en avant, dentelée à l'extrémité. Côte marginale assez saillante à la base, crénelée finement dans toute son étendue. Intervalles marqués de granulations tuberculeuses, déprimées, effacées à la base, et surtout dans la première moitié du 1er intervalle, plus fortes dans le tiers médian de l'élytre. Les granulations les plus fortes sont rangées en séries longitudinales irrégulières, au milieu des deux intervalles externes. Flancs des élytres presque lisses, en avant, parsemés, dans les trois quarts postérieurs, de petits tubercules espacés.

Dessous de l'abdomen, finement et densément, granuleux et ponctué.

Pattes longues. Tibias antérieurs terminés, extérieurement, par une dent assez marquée, mais peu prolongée. Quatre tibias postérieurs, étroits, peu profondément creusés, granulés. Tarses à articles triangulaires, allongés.

Patrie : Algérie : Laghouat.

131. P. valida Er. Wagner 's Reise. ш. p. 176. pl. 7.

    Syn. : *Duponcheli* (De Brême).

Diagnose Er. — *Nigra, subnitida, thorace transverso, lateribus fortiter rotundato. dense tuberculato, medio lævi : coleopteris sub-ovalibus convexis, dense æqualiter tuberculatis, basi leviter bi-sinuatis.*

Description : Long. 18-25 mill.; larg. 11 1/2-15 mill. — D'un noir légèrement brillant, en ovale plus ou moins court, très convexe, parfois subdéprimé sur le milieu de l'arrière-corps.

Tête fortement granuleuse et ponctuée, avec deux dépressions arrondies, obsolètes sur le vertex. Labre plus ou moins fortement ponctué, ainsi que le menton : celui-ci est fortement échancré, en avant, et de cette échancrure part, quelquefois, un sillon médian, assez profond, qui va jusqu'à sa base, divisant ainsi le menton en deux parties latérales. Antennes épaisses, dépassant à peine le bord postérieur du pronotum, à articles épais : le 9e, aussi large que long, n'est pas beaucoup plus large que les autres. Les articles 3, 4 et 5, portent une rangée de poils longs, caducs, mais dont on trouve souvent les vestiges. Palpes noirs, brillants.

Pronotum trois fois environ aussi large que long, à bord concave, en avant, avec les angles antérieurs presque nuls ; bord postérieur trisinué, fortement concave, au milieu et en arrière, à peu près dé même largeur que le bord antérieur ; angles postérieurs très obtus, presqu'arrondis. Bords latéraux fortement et régulièrement arrondis. Le rebord latéral, fortement réfléchi en-dessous, est, parfois, interrompu au milieu. Le dessus du pronotum est couvert de granulations tuberculeuses, aplaties, assez fortes, plus ou moins oblitérées, au milieu, où se voit un espace longitudinal, raccourci en arrière et en avant, irrégulier et lisse ; à quelque distance de cet espace, on trouve, de chaque côté, un espace arrondi et dépourvu de granulations. Ces trois espaces sont, parfois, réunis, et alors la partie médiane du pronotum est largement lisse. Sur les côtés, les granulations n'arrivent pas jusqu'au rebord du pronotum. Prosternum presque toujours terminé par un bec plus ou moins acuminé ; il est quelquefois réfléchi en haut. Ecusson petit, variable, le plus souvent en T renversé ; la branche supérieure ou longitudinale se continuant, de chaque côté, par une fine carène transversale, placée sur le bourrelet qui sépare le pronotum de l'arrière-corps.

Arrière-corps en ovoïde, plus ou moins allongé, convexe, quelquefois plus ou moins déprimé, en avant. Il est densément couvert de tubercules subégaux, ordinairement triangulaires, isolés, ou réunis en bourrelets transversaux. Les flancs présentent ces mêmes tubercules réunis par des rides transversales ; en arrière, les tubercules du dessus sont plus petits et écartés. Côtes dorsales plus ou moins distinctes, ainsi que la côte latérale ; elles sont formées de tubercules plus saillants, en séries longitudinales, toujours mieux marquées, en avant, qu'en arrière. Côte marginale tuberculeuse, irrégulière et plus large en avant, simple dans la 2e moitié. Dessous de l'abdomen couvert de tubercules triangulaires, plus ou moins oblitérés, surtout en arrière, parfois très denses et entremêlés de points. Cette granulation est très variable, suivant les individus.

Pattes robustes, fortement granuleuses. Tibias antérieurs courts, élargis assez notablement, avec un prolongement externe fort, mais pas très long. Tibias intermédiaires et postérieurs larges et canaliculés sur le dos, les intermédiaires plus profondément. Quatre tarses postérieurs, triangulaires, relativement allongés et grêles.

Patrie : Algérie : Oran, Teniet-el-Haad, Tlemcen, Constantine (près de la gare). — Maroc : Tanger.

Se retrouve jusqu'à 1,100 mètres d'altitude.

Nous n'avons pu arriver à voir les types de cette espèce, mais il n'y a pas de doute sur son identité. Elle a été indiquée, à tort, dans quelques catalogues comme variété de la *P. Duponti* Sol. Elle porte, dans quelques collections, le nom de *Duponcheli* (de Brême) ou de *mauritanica* Sol.

On rencontre quelques individus chez lesquels le rebord latéral du pronotum, légèrement interrompu au milieu, n'est indiqué, sur ce point, que par quelques granulations en série. Il semble donc que cette espèce forme la transition avec le s.-g. *Amblyptera*, où cette disposition est fréquente dans deux espèces, et constante dans la troisième (*Fairmairei*).

VII. — Sous-Genre **AMBLYPTERA** Sol.

132. P. scabrosa Sol. l. c. 1836. p. 188. — Kr. l. c. p. 324-332. — *scabrata* (Dj. in coll. Dupont.)

DIAGNOSE Sol. — *Nigra, ovalis, oblonga, subparallela, postice abrupte et valde infra curvata. Prothorace valde transverso, supra vix convexo, subplanato, valdeque tuberculato. Elytris tuberculis magnis, ante rugis validis junctis, postice distinctis parvisque intersertis. Costa marginali dense crenulata, basi incrassata. Alteribus obliteratis, aut seriebus parum distinctis mutatis.*

DESCRIPTION : Long. 12-17 mill. ; larg. 8 1/2-12 mill. — Noire, médiocrement brillante, convexe, en ovale court, subparallèle latéralement.

Tête presque lisse au milieu, avec un sillon interanténnaire assez marqué, et une dépression transversale obsolète au milieu ; ponctuée en avant, avec quelques granulations sur les côtés. Labre cilié de fauve, en avant, le plus souvent lisse au milieu et en arrière. Menton fortement ponctué. Antennes dépassant, en arrière, le bord postérieur du pronotum, à derniers articles transversaux ; les articles 4-8 sont courts, mais cependant encore plus longs que larges.

Pronotum trois fois plus large que long ; bord antérieur concave, en avant, bord postérieur concave, en arrière, ce qui raccourcit encore le pronotum au milieu. Angles antérieurs à peine marqués ; angles postérieurs arrondis, peu visibles, ainsi que le rebord latéral fortement rentrant en dessous, parfois interrompu au milieu. Les côtés vont en arrondissant du sommet à la base, au niveau de laquelle est le point de largeur maximum. La superficie est aplatie, au milieu, avec une ou deux dépressions latérales obsolètes et un sillon longitudinal médian, souvent effacé complètement ; elle est couverte de granulations peu serrées, plus rares sur le tiers médian, où elles disparaissent complètement, chez certains individus. Prosternum refléchi en haut, et profondément sillonné postérieurement. Écusson relativement fort, lozangique, transversal, souvent finement et densément ponctué.

Arrière-corps non, ou à peine, déprimé en dessus, avec les épaules fortement saillantes en avant. Il est, densément, couvert de saillies qui revêtent deux formes différentes. Tantôt, cette granulation se compose de tubercules saillants, triangulaires, isolés, ou à peine réunis transversalement, et entremêlés de nombreux granules ; tantôt, au contraire, ces granules manquent (souvent complètement) et les tubercules s'aplatissent, s'arrondissent et deviennent contiǧus, en se réunissant, plus ou moins, en séries transversales. Dans tous les cas, les côtes dorsales sont à peine distinctes, en avant, où elles ne sont indiquées que par une saillie un peu plus forte des tubercules. En arrière, ces côtes, devenues plus visibles, par la diminution qui s'est produite dans le nombre et le volume des tubercules des intervalles, tendent à se réunir. La côte latérale est bien indiquée dans toute son étendue. La côte marginale, crénelée, ou non, est à peine plus forte, en avant. Flancs assez densément et finement tuberculeux, avec de fines rides transversales. Dessous de l'abdomen assez finement et très densément granulé sur les premiers segments, presque lisse sur les deux derniers.

Tibias antérieurs terminés, extérieurement, par une dent forte, quelquefois émoussée ; les tibias intermédiaires et postérieurs, assez longs, sont peu élargis, distinctement creusés sur la face dorsale. Tarses postérieurs grêles, à articles triangulaires, allongés.

Patrie : Espagne méridionale : Andalousie, Cadix. Maroc : Tanger. Nous ne pensons pas qu'elle ait été prise en Algérie.

Solier a indiqué une variété à rides effacées sur les élytres et oblitérées près de la base.

Chez quelques individus, des granulations du milieu du pronotum semblent émerger d'une fossette. Ces individus ont, souvent, la côte marginale un peu plus saillante et plus épaisse, en avant. Ils proviennent du Maroc, et l'on pourrait être tenté de les considérer comme une forme de métis des Pimelia *scabrosa* et *fornicata*.

133. **P. fornicata** Herbst. Kæf. viii. p.79. pl.122. f.8.—Kr. l.c. p.325-332.

Syn. : *obesa* Sol. Ann. Fr. 1836. p. 191. (Dj. Cat. 3e éd. p. 193.)

Var. A. (*rotundipennis* Kr. l. c. p. 370. — (*mogadora*) Fairm. Ann. Fr. 1870. p. 387.

Var. B. (*Simonis* Buq. in litt.)

Diagnose Sol. (1). — *Nigra, lata, ovalis, convexa. Prothorace valde transverso, supra subplanato, valde punctato, lateribus tuberculato. Elytra singula tuberculorum magnorum acutorumque triplicè serie, costaque marginali prominula, basi incrassata, dense crenulata. Interstitiis tuberculis minoribus acutis, inæqualibus, satis numerosis, aliquando dimidio postico, in totum obliteratis.*

Description : Long. 15 - 21 mill. ; larg. 11 - 15 mill. — Noire, en ovale court et large, légèrement déprimée sur le dos, mais très brusquement déclive, en arrière et latéralement.

Tête inégale, avec des points enfoncés, assez nombreux et forts, antérieurement et sur les côtés, plus faibles et beaucoup moins rapprochés, au milieu. Labre finement et assez densément ponctué, cilié de fauve roux. Menton fortement rebordé, médiocrement ponctué. Antennes atteignant à peine la base du pronotum, qu'elles dépassent chez les individus de petite taille. Articles assez épais, courts ; 9e aussi large que long, 10e transversal. Palpes d'un brun noirâtre, brillant.

Pronotum trois fois environ plus large que long, aplati en dessus, à côtés fortement réfléchis en dedans, ce qui place le rebord latéral tout à fait en dessous. Côtés assez régulièrement arrondis en avant, légèrement rentrants en arrière ; la plus grande largeur du pronotum est située, distinctement, en arrière du milieu de la longueur. Bord antérieur concave, quelquefois anguleusement rentrant au milieu. Angles antérieurs non marqués, contigus à la tête. Bord postérieur sensiblement plus large que l'antérieur. Angles postérieurs non marqués, tout à fait réfléchis en dessous. Le rebord latéral du pronotum est souvent interrompu au milieu. Surface du pronotum couverte de gros points enfoncés, mats, taillés à pic, quelquefois réunis, et formant, alors, une réticulation alvéolaire. Au milieu du disque, on aperçoit, souvent, un espace lisse, de largeur variable, en carène aplatie. Les côtés du pronotum sont assez étroi-

---

(1) Herbst n'ayant pas donné de diagnose latine, nous reproduisons ici celle de Solier.

tement couverts de grosses granulations serrées et médiocrement
saillantes. Prosternum réfléchi en haut, assez fortement canaliculé
en arrière. Écusson très court, transversal, de forme variable.

L'arrière-corps, en ovale court, a sa plus grande largeur souvent
après le milieu de sa longueur. La côte marginale commence, à la
base, par un gros bourrelet composé de l'agglomération de petites
granulations. Son épaisseur diminue d'avant en arrière, où elle est
finement crénelée. Côte latérale formée de tubercules séparés, allongés, subdenticulés, en arrière; les deux côtes dorsales sont constituées de même, mais les tubercules s'allongent et se rapprochent,
surtout pour la 1re dorsale, qui est, parfois, presque lisse en
avant. Rien de plus variable que la sculpture des intervalles. On
peut dire, d'une façon générale, qu'elle se compose de tubercules
allongés, plus ou moins saillants et plus ou moins réunis en séries
transversales, qui empiètent sur les côtes dorsales, en les déformant
légèrement. Ces tubercules deviennent toujours plus petits et plus
isolés en arrière. Ils sont, le plus souvent, entremêlés de petits granules. Flancs couverts, assez densément, de petites saillies tuberculeuses, réunies, plus ou moins, en séries transversales, qui deviennent souvent obliques, surtout dans la partie moyenne. Dessous
de l'abdomen, finement et très densément granuleux. Les granulations, quelquefois entremêlées de points, sont souvent plus effacées
sur les derniers segments.

Pattes couvertes de tubercules dentiformes, aigus. Tibias antérieurs
terminés, extérieurement, par une dent forte, le plus souvent acuminée. Tibias intermédiaires et postérieurs peu larges sur le dos, et
peu profondément creusés. Quatre tarses postérieurs à articles triangulaires, assez allongés.

Patrie : Très commune dans l'Espagne méridionale : Andalousie,
Gibraltar, Cadix. Maroc : Tanger.

Les exemplaires du Maroc sont, habituellement, de taille plus
forte et plus élargis sur l'arrière-corps, surtout en arrière.

On pourrait multiplier, à l'infini, les variétés de cette espèce. Les
plus remarquables sont les suivantes :

Var. A. (*rotundipennis* Kr.) — On reconnaît cette forme à son
arrière-corps court, convexe, élargi légèrement en arrière, presque
subhémisphérique. Elle est de grandeur variable. La sculpture des
élytres est analogue à celle du type, mais très oblitérée, ce qui fait
paraître les élytres lisses, à l'œil nu. On trouve, parfois, dans cette
variété, un calus caréniforme, triangulaire, sur le premier segment ab-
dominal, et un deuxième calus quadrangulaire au milieu du deuxième.

La *P. mogadora* Fairm., dont nous avons étudié les exemplaires
typiques, ne saurait être séparée de la var. *rotundipennis*.

Var. B. (*Simonis* Buq. in litt.). — Plus brillante que le type, à
côtes élytrales plus larges, plus saillantes, moins interrompues. Les

fossettes du pronotum, très profondes, sont souvent contiguës; la carène longitudinale, au milieu du pronotum, est lisse, large, irrégulière et très distincte.

134. P. Fairmairei Kr. l. c. p. 369. (v. Harold. in litt.).

Var. A. — *curticollis* Haag. D. ent. Zeits. 7ᵉ Beiheft. (1874).

? Var. B. — *tumidipennis* Haag. l. c.

? Var. C. — *tristis* Haag. l. c.

? Var. D. — *monilis* Haag. l. c.

Var. E. — *Haroldi* et. *Olcesi*. (v. Harold.)

DIAGNOSE Kr. — *Piceo-nigra, fere opaca, lato-ovata, convexa, antennis articulis penultimis transversis, capite thoraceque, vage, vix punctatis, illo summo apice punctis magnis profunde impresso, hoc longitudine triplo latiore, lateribus fortiter rotundato, ad summa latera tuberculis, parum elevatis, obsito, elytris humeris prominulis, costis 4 seriebusque 3 verrucorum magnorum elevatis, abdomine crebre irregulariter punctato, tarsis simplicibus.* Long. 9 lin. (20 mill.)

DESCRIPTION : Long. 17-26 mill.; larg. 11-17 mill. — En ovale allongé, d'un noir mat (chez les individus de petite taille, surtout) et quelquefois assez brillant (1), plus ou moins déprimé sur le dos des élytres et du pronotum.

Tête, en majeure partie, lisse, avec de gros points rugueux, en avant, et quelques points ou quelques petites granulations latéralement. Labre petit, ponctué légèrement, surtout en avant, parfois lisse, cilié de fauve. Menton presque toujours mat, faiblement ponctué. Antennes dépassant à peine la base du pronotum, en arrière. Articles 4-8 diminuant progressivement de longueur, 8ᵉ aussi large que long, 9ᵉ fort, en carré transversal, 10ᵉ très court, transversal, 11ᵉ très petit. Outre la ciliation ordinaire, les antennes présentent, sur leurs bords externe, et surtout interne, des poils mous, couchés le long de l'antenne, en forme de pinceaux.

Pronotum très court, trois fois au moins plus large que long au milieu. Bord antérieur concave, en avant, avec les angles antérieurs presque nuls. Bord postérieur concave, en arrière; angles postérieurs tout à fait réfléchis, en-dessous, obtus, arrondis. Côtés fortement et régulièrement arrondi; la plus grande largeur au milieu de la longueur du pronotum, celui-ci n'est pas plus large en arrière qu'en avant; le rebord latéral est interrompu dans une plus ou moins grande étendue, au milieu. Il est lisse, au milieu, avec les traces d'une

____

(1) Il est possible que les individus de grande taille habitent à une altitude moindre que les autres : il est d'observation que les insectes deviennent, en général, plus brillants, à une altitude plus grande.

carène ou d'un sillon médian, obsolète, dont il reste presque toujours une dépression marquée en fossette, au devant de l'écusson. Il n'est pas rare de trouver sur le disque quelques granulations ou quelques points. De chaque côté existe une dépression en fossette, obsolète, qui manque, rarement, tout à fait. Les côtés du pronotum réfléchis, en-dessous, sont assez densément et étroitement granulés. Le rebord latéral cesse brusquement après le tiers antérieur ; le dessus et le dessous du pronotum, à partir de ce point, ne sont plus séparés que par un espace lisse, allongé, qui marque le point où cesse la granulation du côté du pronotum. Prosternum terminé, en arrière, par un bec rebordé et quelquefois marqué, à l'extrémité, par un petit tubercule. Ecusson en T renversé, assez saillant.

Arrière-corps plus large à la base que la base du pronotum, avec les épaules fortement avancées, subdéprimé au milieu, en avant, convexe et brusquement déclive, latéralement et en arrière. Côtes dorsales et latérale formées par une élévation épaisse, marquées de crénelures longues et parfois peu distinctes, excepté pour la côte latérale. La côte marginale, très saillante à l'épaule, va, en diminuant d'épaisseur, d'avant en arrière ; dans chaque intervalle se voit une rangée de grosses pustules plus ou moins oblitérées et qui se transforment, parfois, en replis transversaux. Chez les individus de petite taille, surtout, elles sont entourées de petites saillies, irrégulières, avec quelques granules. Les pustules sont toujours plus petites dans le 4e intervalle où elles sont souvent remplacées, surtout chez les individus de grande taille, par des petits granules écartés. Flancs presque lisses, avec une série longitudinale médiane de petites granulations très écartées. Dessous de l'abdomen finement granulé et ponctué, quelquefois presque lisse sur les deux derniers segments. Il n'est pas rare de trouver, sur le prolongement antérieur du 1er segment, une saillie caréniforme, médiane, longitudinale.

Pattes assez robustes, médiocrement longues. Tibias antérieurs terminés, en dehors, par une dent forte, plus ou moins aiguë et légèrement recourbée en haut. Tibias intermédiaires et postérieurs peu profondément creusés sur le dos. Quatre tarses postérieurs, à articles triangulaires, d'une épaisseur moyenne.

Patrie : Maroc : Mogador, Casablanca, Asmid, Rabat. V. de Maroc (Harold. — Provinces de Habra et de Chedma, Al Kassar. CC. (Simon).

Var. A. (*curticollis* Haag.) Remarquable par son corselet, encore plus court au milieu que dans le type. Les saillies tuberculeuses transversales des intervalles élytraux sont converties en rides, et ceux-ci sont parsemés de granules.

Var. B. (*tumidipennis* Haag. L'auteur a réuni lui-même la *P. tumidipennis*, d'abord décrite comme espèce particulière, à la *P. Fairmairei*. Nous n'avons pas vu cette forme, dont nous donnons la description d'après Haag. Il nous reste, en effet, un doute sur la validité de la réunion. Haag dit, dans sa description, que les épaules ne sont point avancées. Or, ce caractère est constant dans toutes les variétés de la *P. Fairmairei* que nous connaissons.

Var. C. (*tristis*). Egalement réunie par M. Haag et, sans doute, avec raison, à la *P. Fairmairei*. Nous ne la connaissons pas. (Voir ci-après la description de l'auteur.

Var. D. (*monilis*). Même remarque que ci-dessus. Nous possédons un exemplaire d'une variété de la *P. Fairmairei*, qui paraît être intermédiaire entre la var. *tristis* et la var. *monilis*.

Var. E. (*Haroldi* et *Olcesi*). Les formes répandues dans les collections, par M. Reitter, sous ces noms, ne sont que des variétés de la *P. Fairmairei*, de grande taille, et à sculpture effacée sur les intervalles élytraux.

VIII. — Sous-Genre **ECPHOROMA** Sol.

135. **P. hemisphærica** Sol. l. c. p. 193.
   Syn. : *insignis* Fairm. Ann. Fr. 1867. p. 407.
   Var. *capillata* Sol. Ibid. p. 194.

Diagnose Sol. — *Nigra, subparallela, postice leviter dilatata, lateribus hispida. Capite punctulato. Prothorace basi latiore, dorso subdepresso, tuberculato. Elytra singula costis tuberculatis quatuor; interstitiis tuberculis maximis rotundatis serie abbreviata, supra primum duplice, dispositis : granulis minutissimis intersertis.*

Description : Long. 12 1/2-13 mill, ; larg. 8 1/2-10 mill. — D'un noir brunâtre, en ovale court, légèrement élargi en arrière, convexe.

Tête ordinairement ponctuée : fortement, jusque sur le vertex, assez densément et rugueusement, en avant. Les points, excepté en avant, sont, parfois, assez fins et, parfois, convertis en granulations fines. Labre fortement ponctué, au moins dans sa moitié antérieure, échancré en arc de cercle en avant, cilié de fauve roux, doré. Menton rugueusement et peu densément ponctué, habituellement, à échancrure bien marquée. Antennes courtes, n'atteignant pas la base du pronotum, à articles cylindriques, épais et hispides. Les articles 3-7 plus longs que larges ; le 8e aussi large que long ; 9e transversal ; 10e très court ; 11e relativement assez gros. Palpes bruns, à articles rougeâtres, à l'extrémité.

Pronotum très court, fortement rétréci en avant ; bord antérieur concave ou bisinué, en avant ; angles antérieurs nuls ; bord postérieur légèrement trisinué ; angles postérieurs arrondis, côtés arrondis, légèrement rentrants en arrière. Dessus couvert de granulations moins serrées, et oblitérées plus ou moins au milieu du disque, où se trouve une carène fine, médiane, longitudinale, souvent assez saillante, surtout en avant ; sur les côtés du pronotum, se trouvent des poils longs, dressés, d'un fauve plus ou moins noirâtre, mais qui manquent souvent, ou sont raccourcis par les frottements. Il en est de même d'une pubescence couchée, jaunâtre, fine et serrée, couchée sur les côtés du pronotum, entre les granulations, chez les individus frais. Ecusson transversal, en lozange, assez saillant.

Arrière-corps à peine plus large, à la base, que la base du pronotum, fortement évidé de chaque côté, avec les épaules très saillantes. Il s'arrondit régulièrement jusqu'aux trois quarts de sa longueur pour se rétrécir ensuite progressivement. Suture un peu saillante, finement crénelée, en arrière. Côtes dorsales crénelées, fines et saillantes: la 1re parfois presque lisse, en avant, est toujours plus épaisse que la 2e dans la première moitié. Elles tendent à se réunir en Y postérieurement, et la côte unique terminale va rejoindre la côte latérale. Celle-ci, crénelée, est toujours plus rapprochée de la marginale que de la 2e dorsale. La marginale, crénelée, est beaucoup plus épaisse en avant qu'en arrière; chez les individus frais, elle porte de longs poils dressés ou réunis en pinceaux de couleur fauve noirâtre. Intervalles des élytres avec de très petites granulations très disséminées; au milieu se trouve une rangée de gros tubercules subhémisphériques, écartés, diminuant de grosseur d'avant en arrière et disposés en une série longitudinale, quelquefois un peu irrégulière. Dans la première moitié du 1er intervalle, il y a deux de ces séries, au moins. Flancs couverts de granulations fines, assez denses; ils sont couverts, ainsi que le dessus de l'élytre, chez les individus frais, d'une pubescence grisâtre-jaune, courte et épaisse. Dessous de l'abdomen finement et densément granuleux et ponctué.

Tibias antérieurs terminés extérieurement par une dent saillante, assez étroite à l'extrémité, mais émoussée. Tibias intermédiaires fortement crénelés sur le dos; tibias postérieurs légèrement aplatis, étroits. Tarses à articles très longs et grêles.

La var. *capillata* Sol. se distingue par une granulation différente des élytres; en effet, les gros tubercules hémisphériques, sérialement disposés dans les intervalles, manquent, et sont remplacés par des tubercules triangulaires beaucoup plus nombreux et placés sans ordre. Les antennes sont souvent beaucoup plus grêles, et beaucoup plus brusquement élargies au niveau du 9e article. La pubescence couchée des élytres, et la pubescence longue qui entoure l'insecte est habituellement beaucoup mieux conservée. La granulation de l'abdomen est beaucoup plus fine et paraît même manquer parfois sur les derniers segments. Il nous paraît probable que cette forme représente le sexe ♂, mais nous n'osons l'affirmer. Nous possédons un ou deux individus qui font le passage de l'une à l'autre forme.

Patrie : Maroc : Mogador.

DESCRIPTION
des Espèces du Genre PIMELIA

Appartenant à la 1re Division de Solier
et décrites depuis la publication de la 1re partie de ce travail

———

8. (7bis. 1re partie). P. cultrimargo Sén. Ann. Fr. 1884. Bull. p. xxv.

DIAGNOSE Sén. — *Oblongo-ovata, depressa, nigro-brunnea, flavo-pubescens. Caput antice angustatum, punctatum. Pronotum transversale, ante et postice leviter trisinuatum, ubique, sed latera versus fortius, granulatum. Elytra granulata; dorsalis costa prima ante granulata, postice serrata. Secunda obsoleta, ante posticeque deficiens; lateralis elevata, carinato-serrata; marginalis autem, ubique, dense serrata, producta, humeros versus laminata. Elytrorum latera pubescentia, minutissime granulata. Abdomen minutissimis granulis, pube rufula interjecta, irroratum. Pedes grosse squamosi. Tibiæ anticæ dente acuto extus terminatæ; intermediæ dorso canaliculatæ, posteriores depressæ. Tarsi quatuor postici graciles, articulis primis leviter compressis, pilis infra brevioribus, supra longioribus, fulvis erectisque ciliati.*

DESCRIPTION : Long. 17 1/2-20 mill.; larg. 10-12 mill. — En ovale oblong, déprimée en dessus, d'un brun foncé, rendu plus clair par la pubescence, qui couvre l'insecte presque partout.

Tête assez fortement rétrécie en avant, presque lisse sur le vertex et en arrière, avec des points bien marqués dans la partie antérieure. Bourrelets anteoculaires fortement relevés, tranchants, présentant, en dessus, au devant des yeux, une fossette assez marquée et garnie de poils d'un roux doré. Labre étroit, brun, déprimé par une large fossette transversale; il est cilié de poils jaunes. Menton assez court, à échancrure antérieure profonde. Antennes n'atteignant pas tout à fait, en arrière, les hanches intermédiaires, à articles cylindro-coniques, allongés, peu épais. Les articles 4 à 8 diminuent, progressivement, de longueur. Le 9e, plus long, et un peu plus large à l'extrémité que le 8e; 10e court, cupuliforme; le 11e est petit, fortement enchâssé dans le 10e, et acuminé. Les antennes sont brunes, luisantes, hispides, à derniers articles plus clairs et plus brillants.

Pronotum assez court, deux fois, au moins, plus large que long, à bords antérieur et postérieur légèrement trisinués, il a sa plus grande largeur au milieu de sa longueur et est fortement convexe. Disque et côtés couverts, assez densément, de petites granulations plus fortes latéralement, d'où émerge un petit cil doré, couché en arrière. Angles antérieurs non saillants, presque nuls ; angles postérieurs obtus, peu marqués. Bords latéraux fortement arrondis, surtout en avant. Au milieu du disque, se trouvent les vestiges d'une carène oblitérée, longitudinale. Ecusson brun, petit, en triangle équilatéral, lisse et brillant.

Elytres à peine plus larges, à la base, que le pronotum, s'arrondissant, régulièrement, sur les côtés, à partir des épaules qui sont bien marquées. A l'exception de la suture qui est dénudée assez largement, en avant, et de plus en plus étroitement, à mesure qu'on l'examine plus près de l'extrémité, et des côtes qui sont noirâtres et brillantes, la superficie entière est couverte de petites granulations assez régulièrement écartées partout, excepté tout à fait à l'extrémité, où elles deviennent plus petites, et finissent par disparaître complètement sous la pubescence, épaisse dans ce point : partout ailleurs, le fond des élytres est couvert de petits poils couchés, d'un fauve doré, sur lesquels les granulations tranchent en noir. La 1re côte dorsale commence à la base, sous forme d'une rangée de petites granulations, placées sur une côte longitudinale assez large, en avant, dénudée et complètement oblitérée. Dans le tiers ou le quart postérieur de l'élytre, les granulations de la 1re dorsale se transforment en une côte assez saillante, étroite et finement crénelée. La 2e dorsale n'occupe que le tiers moyen de l'élytre. Elle est formée de granulations serrées, qui cessent brusquement dans le dernier tiers. Dans le premier tiers, ces granulations se confondent avec les granulations des intervalles. La côte latérale forme une carène noirâtre, élevée dans son parcours entier, et densément crénelée. Elle commence au voisinage de l'épaule, par quelques granulations qui vont rejoindre la côte marginale. Celle-ci, saillante dans tout son parcours, mais surtout dans le tiers antérieur de l'élytre, forme à celle-ci un bord tranchant, subcrénelé, remarquable. Le flanc de l'élytre, avec une pubescence feutrée, très épaisse, offre quelques granules disséminés. La côte marginale s'implante à angle droit sur l'élytre, de manière à saillir, comme le rebord d'un toit, sur le flanc de l'élytre. Celui-ci est limité en bas par une saillie plus forte que de coutume, formée par le rebord supérieur de l'épipleure. Abdomen presque lisse et d'un brun brillant, couvert d'une fine pubescence couchée, jaune, et qui n'empêche pas de voir de petites granulations écartées, entremêlées de petits points presque imperceptibles.

Tibias antérieurs terminés, en dehors, par une dent aiguë et saillante. Dos des tibias intermédiaires déprimé, un peu cannelé vers l'extrémité des tibias. — Les tibias postérieurs sont déprimés seulement et paraissent presque subcylindriques. Quatre tarses postérieurs, grêles, peu dilatés, à premiers articles comprimés, ciliés en dessus de poils séparés, assez courts et inclinés en arrière ; en dessous, les

poils sont un peu plus longs, dressés presque perpendiculairement
au bord des tarses.

La description que nous venons de donner se rapporte particuliè-
rement au mâle. La femelle s'en distingue par sa taille plus grande,
la largeur de ses élytres, relativement un peu plus forte, la convexité
un peu plus marquée de l'arrière-corps, en dessus. Bourrelets anteoculaires moins relevés, les antennes un peu plus épaisses. La 1re côte
dorsale plus raccourcie en avant, la 2e est réduite à quelques granulations au milieu de la longueur de l'élytre. La côte marginale est un
peu plus épaisse, moins tranchante. Le reste est absolument identique
dans l'un et l'autre sexe.

Patrie : Kordofan, Egypte ?

J'ai vu trois individus de cette espèce. Le premier fait partie de
l'ancienne collection Reiche, où il était étiqueté Egypte, avec un
point de doute. Les autres exemplaires proviennent du Kordofan
(Coll. de Marseul et Musée zoologique de Berlin).

Cette espèce a un peu le faciès de la *P. senegalensis*, dont elle est
facile à distinguer. Elle ressemble davantage à la *P. velutina* Kl.,
surtout à première vue ; mais on la reconnaît facilement aux caractères suivants :

Le pronotum est plus convexe, à peine évidé, en avant, avec les
angles antérieurs nuls ou à peu près ; les bords latéraux, plus convexes latéralement, ont le maximum de leur largeur au milieu et non
en arrière du milieu, le bord postérieur paraît plus rétréci. Le disque
est granulé d'une façon presqu'aussi dense au milieu que sur les côtés.

L'écusson est très visible, brun, luisant, en triangle équilatéral,
au lieu d'être peu marqué, et nettement transversal.

L'arrière-corps est plus atténué postérieurement, plus convexe. —
La saillie de la côte marginale, la disposition toute différente des
côtes dorsales sont caractéristiques.

Tibias antérieurs plus élargis, armés d'une dent forte et aiguë,
extérieurement, à l'extrémité ; les cuisses sont grossièrement granuleuses, au lieu de l'être très finement. Tarses postérieurs et intermédiaires moins comprimés, à 1er article à peine gibbeux en dessus, au
lieu de l'être beaucoup, ciliés de poils plus courts, et plus raides.

23. (21bis. 1re partie). **P. scabricollis** Sén. Ann. Fr. 1886. Bull. p. XLV.

DIAGNOSE. — *Nigra. picea, subnitida, elongato-ovata, crassa,
subconvexa, postice attenuata. Capite medio lævi, latera versus
parce minuteque granulato. Antennis gracilibus, articulo nono
subconico. elongato. Thorace granulato. lato, convexo, lateribus
rotundato. Corpore cordato, supra tuberculis inæqualibus, intus
majoribus, tecto ; lateraliter, retrorsum subtusque, breviter pubescente. Costis dorsalibus lateralique e tuberculis validioribus,
triangularibus, disjunctis posticeque prominentioribus, formatis ;*

*marginali autem crenulata. Abdomine granulis minutis irrorato.
Pedibus gracilibus, longis, nonnunquam longis gracilibus erectisque pilis, vestitis ; tibiis anticis dente protracto validoque extus terminatis ; tarsis posticis quatuor valde compressis, nigro brunneis longisque, pilis, infra penicillatis, ciliatis.*

DESCRIPTION (1) : Long. 19-22 mill.; larg. 11-12 mill. — D'un noir brunâtre, à peine brillant ; arrière-corps subdéprimé en dessus, cordiforme, assez fortement atténué en arrière.

Tête aplatie, très finement alutacée, avec quelques points à peine visibles sur le front, de gros points obsolètes en avant, et quelques granulations. Quelques fines granulations pilifères sur les côtés de la tête et, surtout, en dedans et en arrière des yeux. Impression interantennaire peu indiquée. Labre grossièrement, ou densément ponctué en avant, presque lisse en arrière ; il est légèrement sinué en avant, et cilié de poils brunâtres. Menton, très profondément et assez étroitement, échancré en avant, avec des points écartés. La division médiane dépasse le milieu de sa longueur. Antennes assez grêles, longues, hispides, à articles allongés, cylindro-coniques; le 9ᵉ article conique, plus large à l'extrémité que le 8ᵉ; 10ᵉ cupuliforme; 11ᵉ très court, acuminé. Palpes maxillaires noirs, à dernier article épais, subuliforme.

Pronotum convexe, deux fois, environ, plus large que long ; bord antérieur légèrement trisinué, avec les angles antérieurs aigus, saillants, en avant ; bord postérieur presque droit, un peu plus large, en apparence, que le bord antérieur ; angles postérieurs très obtus, quelquefois un peu plus marqués ; bords latéraux arrondis, régulièrement, en dehors. Toute la superficie du pronotum est couverte de granulations serrées, parfois assez écartées, surtout en avant, sur le milieu du disque, qui présente les traces d'un enfoncement longitudinal très court, obsolète. Sur les côtés, les granulations sont entremêlées d'une pubescence assez épaisse, courte et serrée, d'un gris un peu jaunâtre. Écusson petit, en T renversé.

Arrière-corps plus large à la base que la base du pronotum, régulièrement arrondi aux épaules, cordiforme, déprimé sur le milieu du dos, régulièrement et assez fortement atténué en arrière. Il est couvert, assez densément, de tubercules saillants, de grosseur très inégale, un peu plus forts dans les deux intervalles internes et en avant. Les côtes dorsales et latérale sont formées de tubercules triangulaires, allongés, notablement séparés, et un peu plus dressés en arrière. La 2ᵉ dorsale est la plus courte et tend à se réunir à la 1ʳᵉ vers son extrémité, sans pourtant l'atteindre. La côte marginale est finement crénelée ou denticulée dans toute son étendue. Les tuber-

---

(1) Description faite sur trois individus, communiqués par M. Cayol, et un individu de la collection de M. C. Desmaisons, de REIMS.

cules du 4e intervalle sont petits, entremêlés de quelques fines granulosités ; il porte, ainsi que l'extrémité des autres intervalles, des
traces d'une pubescence couchée d'un gris jaunâtre. Flancs des élytres pubescents, avec quelques fines granulations écartées. Tout le
dessous de l'insecte est couvert d'une pubescence assez épaisse,
courte, d'une teinte plus jaunâtre que celle du dessus. Abdomen
finement et assez densément granulé.

Pattes assez longues et grêles. Tibias antérieurs terminés extérieurement par une apophyse forte et saillante en avant. Tibias intermédiaires fortement creusés sur la face dorsale, qui est couverte d'une
pubescence grisâtre, ainsi que la face dorsale des tibias postérieurs
qui est simplement aplatie. Sur un exemplaire probablement ♂, communiqué récemment par M. G. Desmaisons, de Reims, les pattes sont
partout hérissées de poils longs et fins, comme dans certaines espèces
du genre *Pachyscelis*. Quatre tarses postérieurs fortement comprimés,
longuement ciliés de poils bruns, légèrement pénicillés en dessous.

Cette espèce vient se placer entre les Pimalia *consobrina* et *tenuicornis*. La granulation toute particulière de son pronotum ne permet
de la confondre avec aucune espèce appartenant à la même division.

Algérie : Sud-Oranais. — Types : Collections Cayol, Ch. Desmaisons, la mienne.

50. (47 bis. 1re partie). **P, gracilipes** Sén. Ann. Fr. 1886, Bull. p. xlvi.

Diagnose — *Nigra, obscura, ovalis, elongata, parce fulvis
erectisque pilis vestita, valde depressa. Capite parce, minuteque
granuloso. Antennis longis. Thorace longitudine duplo latiore,
subquadrato, ubique granulis parvis et medio vix minoribus, sed
rarioribus, obsito. Elytris parvis et postice minutissimis granulis.
sparsim tectis ; costis quatuor et in interstitiis linea e paulo majoribus disjunctisque granulis, formatis. Abdomine alutaceo
haud dense minutis granulis tecto, flavis, raris recumbentibusque
pilis vestito. Pedibus gracilibus, longis. Tarsis quatuor posticis
subcompressis, brunneis rigidisque pilis, ciliatis.*

Description (1) : Long. 15 1/2 - 17 mill. ; larg. 8 - 9 mill. — D'un noir
grisâtre mat, en ovale allongé, très déprimée en dessus.

Tête fortement rétrécie, en avant, avec son bord antérieur rebordé
et rugueux latéralement, séparée du front par une ligne fine, mais
bien marquée. Elle est parsemée de quelques granulations très
écartées et très petites, un peu plus abondantes sur les côtés du front.
Labre petit, presque carré, brillant, ponctué, en avant. Menton fortement rebordé, ponctué assez grossièrement, anguleusement et peu
profondément échancré, en avant. Antennes longues, à articles

---

(1) Description faite sur deux indivivus, probablement ♂. ♀.

allongés, avec l'extrémité du 9ᵉ article, le 10ᵉ et le 11ᵉ d'un brun clair. Palpes bruns, à dernier article plus clair.

Pronotum à peu près deux fois plus large que long, subrectangulaire, à côtés légèrement arrondis; le bord antérieur, faiblement trisinué, presque droit, avec les angles antérieurs peu avancés, aigus; angles postérieurs obtus, à peine indiqués. Le dos du pronotum, assez régulièrement convexe, est imperceptiblement chagriné et couvert de granulations hémisphériques, très écartées, à peine plus fortes, et presque aussi rares, latéralement, que sur le disque. En avant, le bord du pronotum est cilié d'une bordure épaisse de poils serrés, d'un flave pâle. Dans un des exemplaires, que nous avons sous les yeux, il en est de même du bord postérieur. Ecusson relativement assez grand, en T renversé.

Arrière-corps de même largeur, à la base, que la base du pronotum (♂), ou un peu plus large (♀), en ovale arrondi, un peu plus large et plus brusquement atténué postérieurement, très aplati sur le dos, progressivement déclive et acuminé en arrière, assez brusquement sur les côtés. Elytres hérissées de quelques poils fauves, longs et dressés. Côte marginale formée de tubercules petits, arrondis, et séparés tout à fait en avant; elle est denticulée dans le reste de son trajet. Toute la superficie de l'élytre est parsemée, peu densément, de très petits granules presque inappréciables, en arrière; les côtes dorsales sont formées de granulations plus fortes, hémisphériques, écartées, quelquefois irrégulièrement placées près de la base; au milieu des intervalles, existe une rangée de granulations semblables, très régulière, excepté dans le 4ᵉ intervalle, où elle manque sur un de nos exemplaires. Le long de la suture, existe une rangée de granulations supplémentaires, plus petites que la rangée médiane du 1ᵉʳ intervalle. On peut donc compter, sur chaque élytre, neuf rangées ou séries longitudinales de granulations, lorsque celle du 4ᵉ intervalle est distincte. Flancs des élytres presque lisses, avec quelques petits granules, très écartés. Abdomen brillant, alutacé, parsemé de petites granulations écartées, d'où émerge, en arrière, un poil fauve, assez long et couché.

Pattes longues, très grêles, granuleuses. Tibias antérieurs fortement élargis, en dehors, à l'extrémité, et formant un prolongement externe mousse. Les épines internes sont d'un brun plus clair dans leur deuxième moitié. Tibias postérieurs aplatis seulement sur leur face dorsale (♀) nettement cannelés (♂). Quatre tarses postérieurs médiocrement comprimés, ciliés, densément, de poils raides, brunâtres.

Patrie : Perse sept. — Deux exemplaires envoyés par M. Staudinger sous le nom d'*Ocnera imbricata*. — Types : Coll. Sédillot, la mienne.

Cette espèce, qui ne peut se confondre avec aucune autre, en raison de la granulation particulière des élytres, appartient à la 1ʳᵉ division de Solier (2ᵉ subdivision).

Espèces du Genre PIMÉLIA

Qui me sont restées inconnues.

(Descriptions données par les auteurs).

P. abyssinica (*Gedeon abyssinicum*) [1] Haag. Ent. Monats. i. 1876. p. 75.

Oblongum, dilute brunneum, parce pilosum et squamosum, opacum; antennis, gracilibus; capite magno, granulato; thorace dense, elytris minus dense granulatis; tarsis compressis, longe flavo ciliatis. — Long. 14 mill.; lat. 6 1/2 mill.

Antennes très grêles et très minces. Tête forte, marquée d'un sillon transversal en avant, granulé avec une densité moyenne. Pronotum pas beaucoup plus large que la tête, très court, un peu plus étroit en arrière qu'en avant, granulé également, fortement et très densément. Elytres trois fois et deux tiers, plus longues que le thorax, à peine plus larges, légèrement élargies au milieu, granulées presque en séries, mais moins densément, que le thorax, et comme celui-ci, couvertes de petits poils jaunâtres. De l'épaule part, en dehors, une strie formée de petits tubercules distincts et qui va jusqu'à l'extrémité. Une autre strie semblable existe entre celle-ci et la suture; le dessous tout entier est, en outre, couvert de petites écailles jaunâtres. Dessous mat et granulé. Les pattes, et surtout les cuisses, sont couvertes de granulations fortes, isolées. Tarses fortement comprimés, longuement ciliés de poils jaunâtres.

Cette espèce se distingue des deux autres, outre sa petite taille, sa coloration et ses écailles, par le pronotum également granulé. Dans l'*oblongum* (?) et le *persicum*, le pronotum n'est granulé que sur les côtés. (Abyssinie.)

P. ambigua Woll. Cat. Ins. Can. p. 475.

P. subopaca; capite antice transversim subelevato et ibidem profunde punctato; prothorace subinæquale, apice subsinuato, minutissime et parcissime punctulato, utrinque (præsertim postice) tuberculis obsito; elytris oblongo-ovalibus, basi bisinuatis, antice subdepressis, sutura haud elevata, dense transversim undulato-inæqualibus, et tuberculis minutissimis granuliformibus (versus suturam evanescentibus) parce obsitis, in limbo subinæqualiter serratis, singulis costis tribus (præter lateralem) acutiusculis sub-

------

[1] Cet insecte, malgré l'affirmation de Haag, ne nous paraît pas appartenir au s.-g. **Gedeon**. Les tarses, comprimés fortement, suffisent pour faire rejeter cette opinion. (Note de l'auteur.)

*undulato-angulatis (sublaterali paulo evidentius serrata) intructis.
Long. corp. 8 lin. Habitat Teneriffam? Certe ab illo ad Dom
Deyrolle missa.*

Un seul exemplaire m'a été communiqué par M. Deyrolle, de
Paris, comme envoyé de Ténériffe. Il paraît, par ses affirmations,
qu'il ne saurait y avoir doute que cet insecte vienne des Iles Canaries, mais je ne puis me risquer à affirmer qu'il vienne de Ténériffe.
Ses élytres subopaques, et plutôt oblongues, bisinuées à la base,
assez fortement déprimées en avant, avec la suture très peu élevée
(même postérieurement), et qui sont, densément, bien que faiblement, subruguleuses ou plissées transversalement, de sorte que les
côtes (étroites et anguleuses) paraissent faiblement onduleuses, ser-
vent à la distinguer des espèces voisines. Comme dans la *P. costipennis*, les tubercules des élytres sont assez petits pour figurer des
granules petits et écartés, disparaissant presque dans l'espace juxta-
sutural ; la côte subsuturale (1re dorsale) se recourbe assez brusquement en dehors, à la base. Cet insecte paraît intermédiaire aux
P. costipennis et ascendens, ayant la forme de cette dernière espèce,
et la granulation de la première. Cependant, elle se rapproche davantage de la *costipennis*, dont elle n'est peut-être qu'une forme
particulière à Ténériffe.

P. inæqualis Fisch. de Wald. Bull. Moscou. 1837. iv. p. 18.

*P. corpore ovato; elytris tuberculatis, tuberculis inæqualibus,
depressis, confluentibus.* — Long. 3 l. ; lat. 4 1/2 lin.

La tête et le corselet sont lisses, finement ponctués ; les élytres
sont rugueux, à tubercules inégaux, déprimés en partie, confluents.
Les jambes des pattes intermédiaires du mâle sont comprimées et
garnies, des deux côtés, de soies courtes, en forme de brosses.
(Anatolie).

P. intermedia Fisch. de Wald. Bull. Mosc. 1837. iv. p. 13.

*P. atra, nitens, thorace, transverso, subquadrato, angulis an-
ticis subprominulis, elytris tuberculato muricatis, marginibus
serratis.* — Long, 9 l. ; lat. 5 l.

Cette espèce offre une forme intermédiaire entre *Pimelia* et *Diesia*. La lèvre est large, échancrée et ciliée de soies noires et rousses,
le chaperon est tuberculeux et la tête finement pointillée. Les antennes ont des articles très serrés. Le corselet est transverse, bombé,
avec les angles huméraux un peu proéminents ; il est finement
ponctué et les *bords antérieurs* (?) sont garnis de cils courts et roux.
L'écusson est très étendu, *occupant, avec la base, toute la largeur
du corselet* (?), très court, triangulaire et rugueux, par des granula-

tions. Les élytres, allongés, sont garnis de tubercules, aplatis, se terminant en pointe dirigée en arrière. Les tubercules latéraux sont plus élevés et plus pointus. Les pieds n'offrent aucune différence, excepté les ongles très faibles, à branches rapprochées. De Turcomanie. (Dr Karolin.)

M. Kraatz a déjà signalé les obscurités de cette description. (Rev. d. Tén. p. 356.) Elle nous paraît à peu près inintelligible, et la figure n'est pas faite pour en faciliter la compréhension.

P. interstincta Fisch. Notice sur les Melasomes. in. Bull. Soc. imp. des natur. de Moscou. 1837. n° IV. p. 16. — Kr. Rv. d. Tén. 364. 367.

P. ovata, thorace gibbo, lævi, punctis tribus impressis; elytris costatis. costis tribus elevatis versus apicem punctis continuatis, nitentibus, interstitiis opacis, punctatis, punctis elevatis inæqualibus splendentibus. — Long. 8 1/2 l.; lat. 5 1/2 l.

De la grandeur et de la forme de *P. tuberculata* F., mais l'abdomen un peu plus allongé.

La tête est lisse et chagrinée en devant. Le corselet, transverse, enflé, latéralement ponctué, est lisse, au milieu, avec une impression transversale, contenant trois points peu profondément imprimés.

Les élytres présentent trois côtes élevées qui sont composées, en partie, par des points allongés et brillants. Les interstices sont mats, garnis de quelques points élevés, inégaux et irrégulièrement placés. Ils sont brillants. Le corps, en dessous, est chagriné. — Anatolie.

M. Kraatz rapporte cette espèce, sans commentaires, à la *P. timarchoides* Mén. Cette assimilation ne nous paraît être absolument certaine.

P. marginata Fisch. de Wald. Bull. Moscou. 1844. I. p. 53.

P. nigra, thorace transverso, punctulato, elytris oblongo-ovalibus, granulatis, granulis seriatim dispositis.—Long, 7 1/2 l.; lat. 4 1/2 l.

Caput magnum, punctatum, opacum, clypeo abbreviato antice subrotundato-ciliato. Antennæ fortiores, breviores. Thorax transversus punctulatus, opacus, antice emarginatus, albo-brevi-ciliatus marginibus tenue reflexis. Prosternum latum, apice truncatum, fossulatum. Elytra oblongo-ovata, granulata, granulis planis subdistantibus, regulariter seriatim dispositis, margo subcrenulatus. — Corpus nigrum, opacum glabrum, pedes graciles. — Habitat in Turcomania. (Dr Karolin.)

P. monilis Haag. D, ent. Zeitsch. 7e Beihft. (1875). p. 55.

Elongato-ovata, nigra, nitida; antennis elongatis, thoracis basin attingentibus, capite fronte vage, clypeo distinctius, punctato; thorace minus transverso, longitudine duplo latiore, angu-

lis anticis, leviter prominulis, lateribus æqualiter rotundatis, disco minutissime punctato, ad latera tuberculato; elytris ovatis, humeris rotundatis, dorso subdeplanatis, margine crenulatis, singula carinis tribus instructis, prima discoidali antice deleta, postice crenulata, secunda et tertia distinctius crenulatis; interstitiis, primo antice transverse ruguloso, postice seriatim tuberculato, reliquis tuberculis magnis rotundatis, in serie dispositis, epipleuris æqualiter dense granulatis; tarsis simplicibus. — Long. 17 mill.; lat. 11 mill.

De la grandeur et de la forme d'une *P. rugulosa* Germ., de moyenne taille. Le pronotum n'est que deux fois plus large que long, arrondi latéralement d'une manière tout à fait régulière. Angles antérieurs légèrement saillants, en avant. Elytres régulièrement ovales, avec les épaules arrondies et la suture un peu déprimée. Outre la marge finement crénelée, elles présentent trois côtes. La plus voisine de la suture est aplatie et lisse, en avant, crénelée, en arrière; les deux autres sont distinctement relevées, non raccourcies et plus ou moins fortement crénelées; 1er intervalle tout à fait lisse, en avant, au voisinage de l'écusson; en arrière, il est ridé transversalement, comme la *Sardea* Sol., et présente, postérieurement, dans la partie déclive, une rangée de petits tubercules arrondis. Les trois autres intervalles présentent, au milieu, une rangée de gros tubercules ronds, qui deviennent un peu plus petits en arrière, comme dans la *P. insignis* Fairm., mais plus rapprochés. Outre cela, ces intervalles sont très indistinctement ridés, en arrière, et on y remarque, en plus, çà et là, un tubercule détaché de la rangée linéaire. Epipleures très régulièrement et densément granuleux.

Trouvée au mois de juin par MM. le Dr Fritsch et Rein, dans la vallée supérieure de Heraya, au défilé de Tizi-Tacherat. au Maroc.

P. oblongiuscula Motsc. (*Pisterotarsa oblongiuscula*). Ac. St-Pétersbourg. 1860. p. 532.

Après avoir indiqué la *P. gigantea* Fisch., il est dit :
« Les autres espèces du genre *Pisterotarsa* sont : *Pist. oblongiuscula* Motsch., plus petite et plus allongée (que la *P. gigantea*), provenant des déserts méridionaux des Kirghuises, et *Pist. angulata* Fabr. »

P. plinthota Fisch. d. Wald. Bull. Moscou. iv. p. 17.

P. capite prominulo, inflexo; thorace abbreviato transverso; elytris costatis, costis tribus imbricatis, interstitiis rugosis. — Long. 6 1/2 l.; lat. 4 1/2 l.

La tête est saillante, dilatée, et fortement dirigée en bas. Le corselet est transverse, mais très court, lisse en dessus et ponctué de côté. Les élytres, presqu'orbiculaires, ont trois côtes imbriquées, dont les interstries sont rugueux. Les côtes sont bicarénées, à carènes grauulées. — Anatolie.

P. puberula Chevrolat. Ann. Fr. 1873. p. 203.

Orbiculata, nigro puberula, in prothorace granulis minutis, et in elytris granulis majoribus, subcontiguis vestita, lateribus corporis, longis pilis nigris. Caput subtilissime minute ac dense punctatum et coriaceum posticeque minute granulosum, antice semi-arcuate emarginatum, inter oculos sulco transverso obsolete signatum : clypeo transversali, subquadrato antice emarginato, tomento rubro marginato, antennis parce pilosis, articulo tertio longitudine tribus sequentibus. Prothorax transversus, antice rectus, in limbo nitidus, post oculos, marginatus et in margine sulcatus, postice bisinuatus, supra scutellum infra emarginatus, lateribus rotundatis, dorso convexus linea longitudinali obsoleta : scutellum opacum, parvum, rotundatum. Elytra orbiculata. Pedes breves, valde granulosi, infra longe nigro villosi. — Long. 16 mill.; larg. 10 1/4 mill.

Syria.

Affinis. P. Mittrei : differt elytris haud costatis.

Nous ne connaissons pas l'insecte décrit par M. Chevrolat, et qui n'existait pas dans sa collection. Il s'agit peut-être d'une variété accidentelle de la *P. Mittrei* Sol.

P. punctigera Mén. Mém. Ac. St-Pétersb. 1849. p. 219. — Kr. Rev. d. Tén. p. 358. — Syn. : *punctata* Gebl. Bull. Ac. St-Pét. III. 1845. p. 101. — Bull. Mosc. 1860. III. p. 12. — Kr. l. c. p. 353.

La *P. punctata* Gebl., dont Ménétriés a changé, avec raison, le nom, donné par Solier à une autre espèce, dès 1836, est décrite ainsi par Gebler dans le Bull. des Nat. de Moscou, cité plus haut.

« *P. punctata. — Thorace disco lævi, lateribus pone apicem*
« *dilatatis, baseos medio, subsinuata. Elytris late ovatis, disco*
« *convexo, lateribus rotundatis, sensim dehiscentibus ; supra sub-*
« *tilissime rugulosis, singula seriebus 8, apicem non attingentibus*
« *e punctis impressis, latis, remotis, anterioribus basi, aciculo*
« *parvo depresso latis.*
« *Teste ill. Dom. Mannerheim ad genus Melanostola Dj. per-*
« *tinet ; statura fere cephalotis, nigra, parum nitida. Caput*
« *latum, lateribus dilatatum, apice marginatum, vertice convexo.*
« *Supra remote, ad latera et apicem confertim punctulatum, inter-*
« *oculos late transversim impressum ; labrum transversum exci-*
« *sum, mandibulæ validæ, lateribus excavatæ, oculi angusti lunati.*

« *Antennæ basin thoracis attingentes, nigro-hirtæ, articulis in*
« *termediis longis filiformibus, ulterioribus abconicis, ultimo mi-*
« *nuto, pyriformi acuminato, cinereo. Thorax apice angustatus*
« *late emarginatus, sæpius rufo-ciliatus, angulis parvulis acumi-*
« *natis, lateribus antice valde rotundato dilatatus, postice angus-*
« *tatus, margine inflexo, basi subreflexa, ante scutellum leviter*
« *emarginata, angulis parvis acutis, supra convexus, lævis, ad*
« *latera, ruguloso-punctatus, scutellum minutum, obcordatum.*
« *Elytra basi singulatim excisa, inflexa, lateribus rotundata,*
« *immarginata, apicem versus sensim angustiora, apice ipso*
« *rugoso, obtuse acuminato ; supra convexa, ad apicem sensim,*
« *nec abrupte dehiscentia, subtiliter rugulosa, seriebus 8 punctatis,*
« *latis, nec profundis, remotis, apicem non attingentibus, primis*
« *2 ceteris brevioribus et obsoletioribus, rarius aciculatis, qua-*
« *tuor exteriorum punctis antice aciculis parvis, deflexis acutis,*
« *tectis ; serie 8 submarginali punctis et aciculis confertioribus,*
« *interstitiis primatis aliquot vagis impressis. Corpus subtus*
« *convexum, pectore parce, abdomine confertim subtiliter granu-*
« *latis. Pedes graciles, elongati, scabrosi, femoribus linearibus,*
« *tibiis anticis, apicem versus, triangulariter subdilatatis, onnibus*
« *extus acute dentatis, tarsis nigro setosis ; subtus griseo-squa-*
« *mosis.* »

Habitat : *ad ripas* Fl. Tschui. (Songarie.)

D'après M. Kraatz, il existe un exemplaire de cette espèce au
Musée de Berlin. Sa taille seule suffirait pour la faire facilement
reconnaître (29 mill.). Les articles des antennes sont allongés, les
tarses non comprimés (ex. Kraatz, loc. cit.)

P. sericata Zubk. Bull. de Mosc. 1833. p. 326. (Nouveaux coléoptères
recueillis en Turcménie et décrits par Zubkoff.) — Kr. Rv. d. Tén.
p. 357. 361.

Pimelia sericata (Karelin). — Long. 8 1/2 l. ; larg. 4 l.

« Cette superbe espèce est toute noire, couverte de soies blanches,
« courtes, serrées. Le chaperon est très avancé, carré, La tête et le
« corselet sont couverts de petits points élevés. Les élytres, à l'en-
« droit où elles commencent à embrasser l'abdomen, ont une carène
« dénudée, granulée ; entre cette carène et la suture, se trouvent
« deux lignes de points élevés, serrés ; dans les intervalles, il y a
« aussi des points élevés, mais plus éloignés les uns des autres ;
« chaque point élevé donne naissance à un poil blanc assez long.
« L'espace qui embrasse l'abdomen, entre la carène et le bord exté-
« rieur, est traversé longitudinalement par une ligne élevée,
« sinuée. »

D'après M. Kraatz (l. c. p. 357), cette espèce ne serait peut être
pas une véritable *Pimelia*. La « carène dénudée » pourrait bien être

la côte latérale, la ligne « élevée, sinuée », la côte marginale. Cette
dernière indication paraîtrait se rapporter à un insecte voisin des
Diesia.

P. serricosta Sol. Ann. Fr. 1836. p. 102 (*spinipennis* Gory in coll.)
Long. 22 mill.; larg. 12 1/2 mill.

*Nigra, oblongo-ovalis. Capite vix punctato. Prothorace dorso
tuberculato, medio lævigato. Elytris costis quatuor : primariis
tribus valde serratis, ante obliteratis; marginali dense crenulata
prominenteque. Interstitiis tuberculis minutis, et majoribus acutis
interjectis. Ventre vix granulato, dense rufo-hispido. Tibiis anticis angustis. Tarsis quatuor posticis compressis, breviter ciliatis;
ultimis duobus articulis subtus apice penicillatis.*

Cette espèce a quelques rapports avec les *angulata* et *Latreillei*
par ses rangées de tubercules épineux, mais elle s'en éloigne par ses
quatre tarses postérieurs moins comprimés et point ciliés de longs
poils. Les deux derniers ont, cependant, en dessous, à l'extrémité
des trois premiers articles, à en juger, par le premier, le seul existant, une touffe de longs poils en forme de pinceau, ce qui place
cette espèce dans la deuxième division.

Forme ovale, oblongue, assez fortement rétrécie à son extrémité
postérieure. Tête avec des points enfoncés, très petits et peu marqués, excepté sur le bord antérieur de l'épistome, qui est fortement
ponctué. Dos du prothorax lisse dans le milieu, avec des tubercules
assez gros et subtriangulaires sur les côtés. Elytres ayant quatre
côtes élevées : les trois premières fortement dentées en scie, oblitérées antérieurement, surtout la première, qui est lisse dans cette
partie. La seconde, beaucoup plus courte que les deux autres qui
atteignent presque l'extrémité postérieure. La marginale saillante
de la base à l'extrémité, avec des crénelures très rapprochées. Intervalles avec de petits tubercules entremêlés d'autres beaucoup plus
gros, aigus, et se confondant, près de la base, avec les côtes dentées.
Parties embrassantes avec de petits tubercules très écartés et quelques petits poils couchés. Ventre ayant de très petites granulosités,
très peu apparentes à la loupe et surmontées de poils roux, couchés
en arrière. Tibias antérieurs étroits. Les tarses manquent dans le
seul individu que j'aie sous les yeux.

Du Sénégal. — Collection de M. Gory.

P. stellifera Motsch. Bull. Ac. St-Pétersb. ii. p. 533. (1860.) —
(*Chætotoma*).

« Des déserts méridionaux des Kirghuises, un peu plus ovalaire
« que la *cephalotes*, ponctuée et inégale, par des rugosités stelliformes
« dans les intervalles des points qui sont épais et peu profonds. »

Tels sont les seuls renseignements que l'auteur donne sur cette espèce. Nous doutons fort qu'ils puissent jamais servir à faire reconnaître l'insecte auquel ils se rapportent. On devrait être en droit de supprimer purement et simplement des espèces décrites de cette manière. Cette même remarque s'applique à la *P. oblongiuscula*, du même auteur. (V. p. 138.)

P. tristis Haag. D. ent. Zeits. 7e Beiheft. Col. 1875.

Ovata, nigra, subnitida, antennis thoracis basin attingentibus, capite vage punctato ; thorace transverso longitudine fere triplo latiore, lateribus æqualiter rotundatis, dorso lævi ad latera tuberculato ; elytris late rotundatis, convexis, humeris subprominulis, margine crenulatis, singulo carinis tribus prima et secunda antice dolelis, postice granulatis, tertia laterali distincta, tota subcrenulata, sutura antice late lævi, interstitiis granulis asperatis, dense obtectis, ad basin, versus scutellum lævibus, epipleuris æqualiter granulosis, tarsis simplicibus. — Long. 18 mill. ; lat. 13 mill.

Ayant la forme de la *scabrosa* Sol. ou de la *mogadora* Fairm. Antennes assez grêles, dépassant presque la base du pronotum, ainsi qu'il a été dit dans la diagnose. Elytres en ovale court, convexe vers la suture, très brusquement déclives en arrière. Marge finement crénelée. Suture large, en avant, où elle est aplatie et luisante. Le disque des élytres avec trois lignes longitudinales, dont les deux premières sont aussi légèrement lisses et brillantes, en avant, et forment, en arrière, des rangées distinctes de petits tubercules ; la 3e, au contraire, est distinctement relevée et légèrement crénelée. Les trois premiers intervalles sont assez régulièrement couverts de tubercules, gros et petits, mêlés ; l'espace qui avoisine l'écusson est lisse.

Cette espèce ressemble beaucoup à la *P. mogadora* Fairm., trouvée également par MM. Fritsch et Rein, près de Casablanca et Dar-el-Beida (Maroc). Elle s'en distingue par son pronotum à disque lisse et la sculpture différente des élytres.

Asmid (Maroc), où elle a été trouvée, par les explorateurs que nous venons de nommer, au mois de juin.

P. tumidipennis [1] Haag. D. ent. Zeitsch. 7e Beiheft. 1875.

Lata, rotundata, convexa, nigra ; capite antice punctato ; thorace minus transverso lateribus æqualiter rotundato, supra lævi

---

[1] Bien que Haag ait réuni, plus tard, cette espèce à la *P. Fairmairei*, nous en donnons ici la description, qui, si elle est exacte, nous laisse beaucoup de doutes sur la légitimité de cette réunion.

ad latera tuberculato; elytris fortius rotundatis versus suturam convexis, humeris non prominulis, dorso fere insculptis. Costis vix perspicuis, indistincte tuberculatis, interstitiis obsolete lineatim tuberculatis; tarsis simplicibus. — Long. 20 mill.; lat. 15 mill.

Antennes grêles, atteignant à peine la base du pronotum. Tête couverte, à son bord antérieur, de gros points confluents, presque lisse sur le front. Pronotum environ deux fois et demie plus large que long, arrondi fortement, mais régulièrement, sur les côtés. Angles antérieurs pointus et avancés; disque lisse, côtés granuleux, Elytres fortement arrondies, presque orbiculaires, convexes vers la suture; épaules non avancées. Dessus presque lisse, avec des vestiges de côtes à dents indistinctes et isolées. Entre les côtes, on voit des rangées longitudinales de denticules plus prononcés, aigus. Bord finement crénelé. Epipleures lisses, avec une rangée de petites granulations. Tarses simples.

Cette espèce ressemble extraordinairement à la *P. rotundipennis* Kr. et pourrait se confondre avec elle au premier coup-d'œil; cependant, le pronotum est plus étroit et son disque est lisse; les épaules ne sont pas avancées et leur sculpture est bien plus effacée.

Asmid (Maroc). Trouvée par MM. les Drs Fritsch et Rein ; rare.

P. verrucosa Fisch. de Wald. Ent. ross. т. I, p. 148. pl. 14. fig. 2 ; Lettre à Pounder. p. 13.

P. noire, lisse, les élytres avec six séries de verrues. *P. nigra, lævis; elytris verrucosis, verrucis seriebus senis.*

Caput latum, læve ; thorax prorsus cylindricus, convexus, utrinque rufo-ciliatus. Scutellum magnum, triangulare, medio canaliculatum. Elytra ovata, verrucis obsita, serie sextuplici; corpus infra granulato-scabrum. Pedes granulati, tibiis anticis latis alis et spinis incurvis. — Habitat : Kirghuises, au midi d'Orenbourg. — Museum Fischeri.

La *P. verruqueuse* est moins grande que la précédente (*P. gigantea*). La tête est large et lisse. Le corselet est parfaitement cylindrique, de sorte qu'il paraît comme un collier. L'écusson est grand, triangulaire, canaliculé, Les élytres sont ovoïdes et garnis de verrues plates, disposées en six séries. Le corps, en dessous, est chagriné. Les pattes sont, de même, chagrinées. Les jambes de devant dilatées, à ailes et à épines courbées.

Il se trouve dans les mêmes régions que la précédente (*P. gigantea*). Musée de Fischer.

D'après M. Kraatz (Rv. der Tén. p. 358), cette *Pimelia* aurait 10 lignes de long sur 5 de largeur (22 mill. sur 11 mill.).

————

Espèces à rayer du Genre **PIMELIA**

1. Pim. *dayensis* Muls. = *Pachyscelodes tuberculifera* Luc.
2. Pim. *Kirghisica* Mots. = Pim. *cephalotes*, v. *Menetriesi* Karel.
3. Pim. *malleata* Woll. = *Pachyscelodes malleata* Woll.
4. Pim. *pauxilla* Hampe. = *Pachyscelis*. Sp. ?
5. Pim. *serieperlata* Fairm. = *Pachyscelodes tuberculifera* Luc.
6. Pim. *semi asperula* Fairm. = *Pachyscelodes semi asperula* Fairm.
7. Pim. *tuberculifera* Luc. = *Pachyscelodes tuberculifera* Luc.
8. Pim. *spectabilis* Kr. (*Chætotoma*). = Gen. nov.
9. Pim. *zophosioides* Baud. = *Pachyscelis zophosioides* Baud.

ERRATA & ADDENDA. — 1re Partie (1).

P. 8. — 6. *P. interpunctata* Kl. Symb. phys. ii. n° 2. pl. 11. f. 2.
Syn. *carinata* Sol. Ann. Fr. 1836. p. 97.

P. 54. — 31. *P. grossa* Fabr. Ent. Syst. i. p. 101 (nec Lin. nec Desm.)
Syn. *inflata* Herbst. Kæf. viii. p. 98. pl. 123. f. 12. etc.

P. 80, lignes 4 et 10. — Au lieu de : *spinosula*, lisez : *spinulosa*.

---

(1) Nous ne donnons ici que les modifications de nomenclature qui doivent être introduites dans ce travail. Les fautes d'impression seront facilement corrigées par le lecteur.

CATALOGUE GÉNÉRAL

DES ESPÈCES COMPOSANT

le Genre PIMELIA Fabr.

I. — s.-g. **PODHOMALA** Sol.

1. **P. suturalis** Sol. Ann. Fr. 1836. p. 74. — Kr. Rv. d. Ten. p. 372.
   (*Podhomala*) Fisch. (ex Dj. Cat. p. 192). Sén. Ess. mon. i. p. 1.
   Syn. *P. torulosa* Zubk. (Dj. Cat. 3ᵉ éd. p. 197.) — *lucidula* Kryn.
   Bull. Mosc. 1832. p. 132.
   Patrie : Russ. mér. Kirghuises.

2. **P. nitida** Baud. Deut. ent. Zeit. 1876. p. 30. — Sén. l. c. p. 2.
   Patrie : Turcomanie.

3. **P. bicostata** Sén. loc. cit. p. 3. (Pall. in coll. Faldermann).
   Patrie : Russ. or.

4. **P. bicarinata** Gebl. Bull. Ac. Pet. 1841. t. viii. nᵒ 24. p. 373.
   Syn. *Podh. bicarinata.* Gebl. Bull. Moscou. 1859. ii. p. 472. — Kr,
   l. cit. p. 372. — Sén. l. c. p. 5. — ? *P. Serrata.* Fisch. Bull,
   Mosc. ii. p. 187. (ex Kraatz).
   Patrie : Songarie. Kirghuises. Sibérie.

5. **P. Fausti** Kr. (*Podh.*) Deut. ent. Zeit. 1881. p. 333. — Sén. Ess.
   mon. i. p. 6.
   Syn. *P. cristata* Sén. Bull. Fr. 1882. nᵒ 3. p. 33.
   Patrie : Turkestan.

II. — s.-g. **PIESTEROTARSA** Mots.

6. **P. interpunctata** Kl. Symb. phys. ii. nᵒ 2. pl. ii. fig. 2.
   Syn. *P. carinata* Sol. l. cit. p. 97. — Sén. l. c. p. 8.
   Patrie : Egypte.

7. **P. velutina** Kl. Ermann's Reise. t. v. p. 39. (1835). Sén. l. c. p. 9.
   Syn. *P. vestita* Sol. l. c. p. 98. — *P. pubescens* Dj. (in coll.)
   Patrie : Sénégal.

8. **P. cultrimargo** Sén. Ann. Fr. 1884. Bull. p. xxv.—Ess. mon. ii. p. 129.
   Patrie : Kordofan. Egypte ?

9. **P. Raffrayi** Sén. Bull. Fr. 1882. nᵒ 3. p. 33. — Ess. mon. i. p. 10.
   Patrie : litt. Mer rouge.

10

10. **P. Valdani** Guer. Ann. Fr. 1859. Bull. p. CLXXXVII.— Sén. l. c. p. 12.
Patrie : Algérie mér. Tunisie.

11. **P. anomala** Sén. Bull. Fr. 1880. n° 3. p. 36. — Ess. mon. I. p. 14.
Patrie : Algérie mér.

12. **P. Theveneti** Sén. Bull. Fr. 1880. n° 7. p. 66. — Ess. mon. I. p. 15.
Patrie : Egypte.

13. **P. subquadrata** St. Cat. 1826. p. 68. pl. 3. fig. 19. — Kl. Symb.
phys. II. 1830. n° 9. pl. 11. f. 9. Sén. l. c. Ess. mon. I. p. 17.
Syn. *P. irrorata*. Sol. l. c. p. 99.
Patrie : Egypte. Nubie.

14. **P. nazarena** Mill. W. ent. Mon. 1861. p. 178. n° 6. pl. 5. f. 15.
Patrie : Syrie.

15. **P. gigantea** Fisch. Ent. imp. Ross. I. p. 147. pl. 14. f. 1. — Lett.
à Pounder. 1821. p. 12. Kr. Rv. der Ten. p. 352. 357. — Sén.
l. c. p. 20.
Syn. *P. gigas*. Fisch. Lett. à Pounder. p. 12.
Var. *Zubkoffi*. Karel.
Patrie : Kirghuises. Turcomanie.

16. **P. angulata** Fabr. Ent. Syst. I. p. 101. n° 13, etc. — Sol. l. c. p. 90.
— Kr. l. c. p. 333. 340. — Sén. l. c. p. 22.
Syn. Ten. *Spinosus*. Forsk. Descr., etc. p. 80. n° 13. — Ten. *asperrimus*. Pall. Ic. I. p. 55. pl. II. f. c. 22.
Var. A. *alternata*. (Kl.)
Var. B. *aculeata* Kl. Symb. phys. II. 17. pl. 12. f. 4.
Var. C. *Syriaca* Sén. l. c. p. 24.
Patrie : Egypte, Syrie.—Sicile??? (Indication certainement erronée.)

17. **P. Latreillei** Sol. l. c. p. 93. —Kr. l. c. p. 328-342.—Sén. l. c. p. 25.
Var. A. *sericea*. Sol. (nec. Ol.) l. c. p. 35. — *permixta* Sén. Ann. Fr.
1881. Bull. p. 20.
Var. B. *denticula* Sol. l. c. p. 95. — *denticulata* (Dj. Cat. p. 197.)
Kr. l. c. p. 317. 328.
Patrie : Egypte. Grèce.
Var. B. Iles Baléares?? (Indication certainement fausse.)

18. **P. nilotica** Sén. Ess. mon. I. p. 27.
Patrie : Egypte.

19. **P. retrospinosa** Luc. Ann. Fr. 1858. Bull. p. 179. — Sén. l. c. p. 29.
Syn. *P. semi-hispida*. Fairm. P. Nouv. ent. 1874. 6e année. n° 102.
Patrie : Algérie mér.

20. **P. confusa** Sén. Bull. Fr. 1848. n° 3. p. 28. — Ess. monogr. I. p. 31.
Syn. *P. retrospinosa* (in coll. erratim).
Patrie : Tunisie. Algérie.

21. **P. angulosa** Ol. Ent. III. n° 59. p. 11. pl. 2. f. 23. — Sol. Ann.
   Fr. 1836. p. 91. — Sén. Ess. mon. I. p. 33.
   Syn. *P. spinipennis*. (Dj.)
   Patrie : Sénégal. Egypte.

22. **P. consobrina** Luc. Ann. Fr. 1858. Bull. p. 220. —Sén. l. c. p. 35.
   Patrie : Algérie. Tunisie.

23. **P. scabricollis** Sén. Ann. Fr. 1886. Bull. p. xLv.—Ess. mon. II. p. 131.
   Patrie : Algérie.

24. **P. tenuicornis** Sol. l. c. p. 100. — Sén. Ess. mon. I. p. 37.
   Var. A. Sol. Ibid. p. 100.
   Var. B. (*tripolitana*). Sén. l. c. p. 39.
   Patrie : Tripolitaine.

25. **P. externe-serrata** Fairm. Pet. nouv. ent. 7e année. n° 135. (1875.)
   — Sén. l. c. I. p. 40.
   Patrie : Maroc.

26. **P. platynota** Fairm. Pet. nouv. ent. 7e année. n° 135. (1875.) —
   Sén. l. c. I. p. 41.
   Syn. *platyptera* (Kr.)
   Patrie : Maroc.

27. **P. læviuscula** Kr. Rv. d. T. p. 367. — Sén. l. c. I. p. 43.
   Syn. *P. stupida*. (Fairm.)
   Patrie : Maroc.

28. **P. cordata** Kr. Rv. d. Ten. p. 368. 1865. — Sén. l. c. p. 44.
   Syn. *P. maroccana*. Fairm. Pet. nouv. ent. 7e année. n° 135. (1875.)
   Patrie : Maroc. Sahara marocain.

29. **P. gracilenta** Haag. D. ent. Zeitsch. 1875. Heft. vII. p. 52.— Sén.
   l. c. I. p. 45.
   Syn. *gracilenta* (Kr.) — *aspero-hirta* (Fairm.)
   Patrie : Maroc.

30. **P. discicollis** Fairm. Pet. nouv. ent. 7e année. n° 135. (1875.) —
   Sén. l. c. I. p. 47.
   Patrie : Maroc : Tanger.

31. **P. grandicollis** Kr. l. c. p. 368. — Sén. l. c. I. p. 49.
   Patrie : Maroc.

32. **P. inexspectata** Sén. Ann. Fr. 1881. Bull. p. 31. et Ess. mon. I. p. 50.
   Syn. ♀ *P. convexicollis* Sén. Ann. Fr. 1882. Bull. p. 31. et Ess.
   mon. I. p. 50.
   Patrie : Indes orientales.

33. **P. interstitialis** Sol. l. c. p. 105. pl. IV. f. 14-16. — Sén. l. c. I. p. 52.
   Syn. *Dejeani* Sol. — *grossa* (Desm. Mus. de Turin).
   Patrie : Algérie, Tunisie, Tripolitaine.
   Var. A. An. sp.? Sén. l. c. I. p. 54.
   Patrie : Algérie : Kreider.

34. **P. grossa** Fabr. Ent. Syst. i. p. 101. (nec Linné.)
Syn. *inflata* Herbst. Kæf. viii. p. 98. pl. 123. f. 12. — Kr. l. c. p. 333
et 340. — Sén. Ess. mon. i. p. 54 ; — *aspera* Dahl. (ex Harold.
in litt.) ; — *barbara* Sol. l. c. p. 106 ; — *sicula* (Dj. Cat.)
Var. A. *vestita* (Dj. Cat.)
Patrie : Algérie, Tunisie, Sicile et Sardaigne (Bords de la mer).

35. **P. latipes** Sol. l. c. p. 109. — Sén. l. c. i. p. 56.
Syn. *amicta* Baud. D. ent. Zeitsch. xx. 1876. p. 420.
Patrie : Tunisie.

36. **P. granulata** Sol. l. c. p. 103. — Sén. l. c. i. p. 58.
Syn. *intertuberculata* Luc. An. Fr. 1854. Bull. p. 220. — *Lucasi*
Reiche. Ann. Fr. 1861. p. 187. — *Doumeti* Sén. Ann. Fr. 1882.
Bull. p. 30.
Patrie : Algérie. Tunisie.

37. **P. papulenta** Reiche. Ann. Fr. 1861. p. 88. — Sén. l. c. p. 61.
Patrie : Algérie.

38. **P. Prophetei** Sén. Ann. Fr. 1884. Bull. p. 10. — Id. Ess. mon. i. p. 63.
Patrie : Algérie.

39. **P. cribripennis** Sol. l. c. p. 137. — Sén. l. c. i. p. 65.
Syn. *corpulenta* (Dj.)
Patrie : Algérie. Tunisie.

40. **P. depressa** Sol. l. c. p. 110. — Sén. l. c. p. 67.
Syn. var. *papulosa* Sol. l. c. p. 113.
Var. *subquadrata* Sol. l. c. p. 113.
Patrie : Algérie.

41. **P. Servillei** Sol. l. c. p. 112. — Sén. l. c. i. p. 69.
Patrie : Algérie. Tripoli ?

42. **P. arenacea** Sol. l. c. p. 114. — Sén. l. c. i. p. 71.
Patrie : Algérie. Tunisie.

43. **P. obsoleta** Sol. l. c. p. 104. — Sén. l. c. p. 42.
Syn. *grossa* Desm. (nec Lin. nec Fabr.)
Patrie : Algérie. Tunisie. Tripolitaine.

44. **P. pilifera** Sén. Bull. Fr. 1884. n° 2. p. 12. — Ibid. Ess. mon. i.
p. 74. (Reiche in coll.)
Patrie : Tunisie.

45. **P. spinulosa** Kl. Symb. phys. ii. n° 6. pl. 11. f. 6. — Sén. l. c. p. 76.
Patrie : Egypte.

46. **P. arabica** Kl. Symb. phys. ii. n° 18. pl. 12. f. 5. Sén. l. c. i.
p. 78. (nec Sol.)
Patrie : Arabie.

47. **P. sericea** Ol. ent. iii. 59. p. 8. pl. 4. f. 1. (nec Sol. nec Kraatz.)
— Sén. l. c. i. p. 80.

Syn. *aggregata* Kl. Symb. phys. II. n° 14. pl. 12. f. 1. — *miliaris*
   Kl. l. c. n° 15. pl. 12. f. 2. — *asperata* Kl. l. c. n° 10. pl. 11.
   f. 10. — Sol. l. c. p. 110.
Var. A. *balearica* Sol. l. c. p. 111.
Patrie : Egypte.
Var. A. Iles Baléares?? (L'indication de cette localité est mani-
   festement erronée.)

48. **P. urticata** Kl. Symb. phys. II. n° 11. pl. 11. f. 11.—Sén. l. c. I. p. 82.
Syn. *tuberosa* Kl. l. c. n° 12. pl. 11. f. 12.
Var. *exanthematica* Kl. l. c. n° 13. pl. 11. f. 13.
Patrie : Egypte.

49. **P. Letourneuxi** Sén. Ann. Fr. 1880. Bull. 11 février et p. 263. —
   Ib. Ess. mon. I. p. 85.
Patrie : Marmarique. — Egypte?

50. **P. gracilipes** Sén. Ann. Fr. 1886. Bull. p. XLVI. etc. Ess. mon. II.
   p. 133.
Patrie : Perse sept.

51. **P. tuberculata** Mén. Cat. rais. p. 184. — Fald. Fn. transc. II.
   p. 12. — Kr. Rv. d. Ten. p. 353–358. — Sén. Ess. mon. I. p. 87.
   (nec Baudi.)
Patrie : Caucase. Russie mér. Perse mér.

52. **P. atarnites** Baud. D. ent. Zeit. 1876. — Sén. l. c. p. 89.
Var. A. *torquata* Baud. Ib.
Var. B. *tuberculata* Baud. Ib. (nec Mén. nec Fald.)
Patrie : Perse septentrionale.

53. **P. cephalotes** Pall. Ic. I. p. 45. pl. c. f. 15. — Sol. l. c. p. 119.
   — Kr. Rv. d. T. p. 354-359. — Sén. l. c. I. p. 91.
Syn. Ten. *cephalotes* Pall. l. c. — *P. oxysterna* Sol. l. c. p. 121.
Var. *Menetriesi* Karel. — Syn. *Kirghisica* Motsch.
Patrie : Caucase. Turcomanie. Mer Caspienne.

54. **P. Gestroi** Sén. Ess. mon. I. p. 94.
Patrie : Perse.

55. **P. capito** Kryn. Bull. Mosc. 1832. v. p. 131. — Sén. l. c. p. 96.
Syn. *P. Schœnherri* Sol. l. c. p. 117. Kr. Rv. d. Ten. p. 354. —
   P. neglecta (Fisch.) Men. Cat. rais. p. 194.
Var. A. *Schœnherri* Fald. nouv. Mém. Mosc. v. p. 11. n° 291. —
   Sol. l. c. p. 118.
Patrie : Russ. mér. Caucase. Kirghuises. Géorgie.

56. **P. cursor** Men. Cat. rais. p. 192. — Fald. Fn. ent. transc. II. 9.
   in nouv. Mém. Moscou. v. p. 289. Kr. Rv. d. Tén. p. 355-360.
   — Sén. l. c. I. p. 98
Patrie : Transcaucasie (Fald.). Arménie. Perse.

57. **P. dubia** Fald. Fn. ent. trans. Nouv. Mém. Mosc. 1837. v. II. p. 8.
pl. 2. fig. 6. — Sén. l. c. p. 100.
Var. A. (*persica*) Fald. l. c. p. 10. pl. 2. f. 8.
Var. B. Fald. l. c.
Patrie : Transcaucasie. Caucase.

58. **P. indica** Sén. Ann. Fr. 1882. Bull. p. 56. — Ess. mon. I. p. 103.
Patrie : Indes orientales.

III. — s.-G. **MELANOSTOLA** Dj.

59. **P. simplex** Sol. Ann. Fr. 1836. p. 123. — Sén. Ess. mon. II. p. 1.
Patrie : Algérie. Tunisie. Tripolitaine.

60. **P. bajula** Kl. Symb. phys. II. n° 8. pl. 11. f. 8. — Sén. l. c. II. p. 2.
Syn. *P. cylindrica* Sol. Ann. Fr. 1836. p. 124.
Var. *Solieri* Muls. et Wach. Ac. Lyon. sér. 2. 1852. p. 8. — Sén.
l. c. II. p. 3.
Syn. *Mulsanti* Reiche Ann. Fr. 1861. p. 88.
Patrie : Asie mineure. Syrie.

IV. — s.-G. **APHANASPIS** Woll.

61. **P. granulicollis** Woll. Cat. Ins. Can. p. 478. — Sén. Ess. mon.
II. p. 4.
Patrie : Iles Canaries.

62. **P. auriculata** Woll. l. c. p. 479. — Sén. l. c. II. p. 5.
Syn. *bajula* Brüll. Webb. et Berthelot. Ins. Can. p. 67. (erratim).
Patrie : Iles Canaries.

V. — s.-G. **GEDEON** Reiche.

63. **P. parallela** Sol. Ann. Fr. 1836. p. 122. — Sén. l. c. II. p. 7.
Syn. Gedeon *Borrei* Haag. Mith. der. ent. Ver. 1878. p. 91. —
P. *Olivieri*. (in coll. Olivier).
Patrie : Mésopotamie. Alep.

64. **P. hierichontica** Reiche. Ann. Fr. 1857. p. 221. pl. v. f. 8. — Sén.
l. c. II. p. 8.
Syn. *arabica* Sol. l. c. p. 126. (nec. Kl.)
Patrie : Arabie. Syrie. Egypte.

65. **P. persica** Baud. D. ent. Zeitsch. 1876. p. 20-30. (note). — Sén.
l. c. II. p. 9. (nec Fald.)
Patrie : Perse mér.

VI. — s.-g. **PIMELIA** (sensu stricto.)

66. **P. echidna** Fairm. P. nouv. ent. 7e année. 1875.—Sén. l. c. ii. p. 11.
     Syn. *P. elongata* (in coll.)
     Var. *oblonga* Sén. Ann. Fr. 1885. Bull. p. 81. et Ess. mon. ii. p. 12.
     Patrie : Maroc.

67. **P. prolongata** Mill. W. ent. Monat. 1861. p. 180. pl. v. f. 17. —
     Sén. l. c. ii. p. 13.
     Patrie : Syrie. Egypte?

68. **P. robusta** Kr. l. c. p. 362-366. — Sén. l. c. ii. p. 14.
     Patrie : Amasia.

69. **P. errans** Mill. W. ent. Monat. 1861. p. 181. pl. v. f. 18. — Sén.
     l. c. ii. p. 15.
     Patrie : Syrie.

70. **P. Kraatzi** Sén. Ess. mon. ii. p. 17.
     Syn. *P. limaria*. (Kr. in litt.)
     Patrie : Mésopotamie.

71. **P. Hildebrandti** V. Harold. Mon. Ac. Wissensch. Berlin. 1879.
     p. 221. — Sén. l. c. ii. p. 18.
     Var. *ceuchronota* Fairm. Voy. de Revoil au pays des Somalis. 1882.
     Patrie : Afrique or.

72. **P. senegalensis** Ol. Ent. iii. 59. p. 7. pl. 1. f. 7. — Sol. l. c. p. 131.
     — Sén. l. c. ii. p. 20.
     Patrie : Sénégal. Maroc.

73. **P. grandis** Kl. l. c. ii. n° 5. pl. 11. f. 5. — Sol. l. c. p. 133. pl. 4.
     f. 11. — Sén. l. c. ii. p. 22.
     Syn. *P. coriacea* (Dj. Cat. 3e éd. p. 197).
     Patrie : Egypte : Soudan ; Pays des Boghos. Abyssinie. Haut-
     Sénégal (Lataste).

74. **P. Latastei** Sén. Ann. Fr. 1884. Bull. p. 10.—Id. Ess. mon. ii. p. 23.
     Patrie : Algérie mér. Maroc.

75. **P. derasa** Kl. l. c. ii. n° 7. pl. 11. f. 7. — Sén. l. c. ii. p. 25.
     Patrie : Egypte. Asie min. Syrie.

76. **P. ascendens** Woll. Cat. Ins. Can. p. 476. — Sén. l. c. ii. p. 27.
     Syn. *barbara* Br. Hist. nat. Can. Ins. p. 67. (nec Sol.)
     Patrie : Iles Canaries.

77. **P. radula** Sol. l. c. p. 136. — Woll. Cat. Ins. Col. Can. p. 474. —
     Sén. l. c. ii. p. 28.
     ? Syn. *granulata* (Dj. Cat. ex Cat. Mün.)
     Patrie : Iles Canaries. (nec cap Bonne-Espérance.) Coll. Dj. (nec
     Barbarie Sol).

78. **P. costipennis** Woll. l. c. p. 476. — Sén. l. c. ii. p. 29.
Patrie : Iles Canaries.

79. **P. lævigata** Br. Ins. I. Can. (Webb et Berthelot). p. 67. pl. 1. f. 12.
Woll. l. c. p. 477. — Sén. l. c. ii. p. 30.
Patrie : Iles Canaries.

80. **P. sparsa** Br. Ins. Can. p. 67. — Woll. l. c. p. 475. — Sén. l. c.
ii. p. 32. — *Fritschi* Heyd. Jahrb. Naturf. Ges. 1874-1875. p. 141.
Var. *serrimargo* Woll. p. 477. — *verrucosa* Br. Ib. p. 67. (nec Fisch.)
Patrie : Iles Canaries.

81. **P. orientalis** Sén. Ann. Fr. 1886. Bull. p. 45. — Ib. Ess. mon. ii.
p. 34. (Reiche in coll.)
Patrie : Syrie.

82. **P. Mittrei** Sol. l. c. p. 134. — Sén. l, c. ii. p. 35.
Patrie : Syrie. Grèce? Egypte? (Sol.)

83. **P. semi-opaca** Sén. Ann. Fr, 1884. Bull. p. 24. — Ess. mon. ii.
p. 37.
Patrie : Algérie.

84. **P. comata** Kl. l. c. ii. n° 4. pl. 11. f. 4. — Sol. l. c. p. 128. —
Sén. l. c. ii. p. 38.
Syn. *ornata* Mill. W. Ent. mon. p. 179.
Patrie : Egypte.

85. **P. canescens** Kl. l. c. ii. n° 3, pl. 11. f. 3. — Sén. l. c. ii. p. 40.
Syn. *depilata* Sol. l. c. p. 129.
Patrie : Egypte.

86. **P. Barthelemyi** Sol. l. c. p. 350. — Sén. l. c. ii. p. 41.
Patrie : Egypte.

87. **P. Damasci** Sén. Ann. Fr. 1880. p. 265 et Bull. p. 48. — Ess. mon.
ii. p. 42.
Syn. *spinigera* (Coll. Museum Paris.)
Patrie : Syrie.

88. **P. lutaria** Br. Ins. col. Can. (Webb et Berthelot), p. 68. pl. i. f. 11.
Woll. Cat. Ins. Can. p. 471. — Sén. l. c. ii. p. 44.
Syn. : *lusaria* (erratim). Br. Ib. — *canariensis* Hart. Geol. Verhalt.
Lanzarota et Fuert. p. 140. (nec Br.)
Patrie : I. Canaries.

89. **P. canariensis** Br. Ins. Can. (Webb et Berthelot). p. 67. — Woll
p. 472. — Sén. l. c. ii. 45.
Patrie : Iles Canaries.

90. **P. hirtella** Sén. l. c. ii. p. 47.
Syn. : *puberula* Kl. in litt. (*sec.* Kraatz.)
Patrie : Egypte.

91. **P. Bottæ** Sén. l. c. II. p. 48. (Coll. Mus. Paris).
Patrie : Arabie.

92. **P. Marseuli** Sén. Ess. mon. II. p. 50.
Patrie : Arabie.

93. **P. akbesiana** Fairm. Ann. Fr. 1884. p. 170. — Sén. l. c. p. 52.
Patrie : Asie mineure.

94. **P. timarchoides** Men. Bull. St-Pét. I. p. 156. — Kr. Rv. d. Ten.
p. 364-366. — Sén. Ess. mon. II. p. 53.
Syn. *interstincta* Fisch. Bull. Mosc. 1837. n° IV. p. 16. — *lineato-
punctata* (Kinderm. in litt.)
Var. *testudo* Kr. Ib. p. 362-366.
Patrie : Amasia.

95. **P. polita** Sol. l. c. p. 176. — Kr. l. c. p. 343-351. — Sén. l. c.
p. 55.
Syn. (*lævigata* Cat. Dj. teste Baudi.)
Var. A. (*euboica* Boield. Ann. Fr. 1865. p. 7. pl. 1. f. 3.)
Patrie : Turquie d'Europe. Grèce.

96. **P. subglobosa** Linn. Syst. Nat. Gmel. I. IV. p. 2007. — Pall. Ic.
Regn. an. p. 50. pl. c. f. 16. a. b. — Sol. l. c. p. 179. — Kr.
Rv. d. Ten. 352-357. — Sén. Ess. mon. II. p. 57, etc. etc.
Syn. Teneb. *subglobosus* Pall. l. c.
Var. *Mongeneti* Sol. l. c. p. 177.
Syn. *verruculifera* Var. Kr. l. c. p. 343-350.
Patrie : Russ. mér. Roumanie (Kustendjé). Turquie, etc.

97. **P. verruculifera** Sol. l. c. p. 180. — Kr. Rv. d. Ten. p. 344-350.
— Sén. Ess. mon. II. p. 48.
Syn. *P. Mongeneti* v. A. B. Sol. l. c. p. 177. 178. - Rv. Ib. p. 350.
— *coordinata* Fisch. B. Moscou. 1837. IV. p. 17. — *varicosa* Mén.
Bull. Ac. St-Pétersb. 1838. p. 34. — *verrucifera* Waltl. Isis. 1838.
p. 459.
Patrie : Grèce. Roumélie. Smyrne.

98. **P. sericella** Latr. Sol. l. c. p. 185. — Kr. Rv. der. Tén. p. 346-
351. — Sén. Ess. mon. II. p. 60.
Syn. *græca* Br. var. *sericella* Kr. l. c.
Var. A. (*calculosa*) Sol. l. c. p. 186.
Var. B. (*trachyderma*) Sol. l. c. p. 186.
Var. C. P. *phymatodes* Sol. l. c. p. 182.
Var. D. P. *Minos* Luc. Rv. Zool. 1853. p. 575.
Var. E. (*prætermissa*) Sén. Ess. mon. II. p. 62.
Patrie : Grèce. Ile de Candia.

99. **P. cephalenica** Kr. Rv. d. Tén. p. 348-351. — Sén. Ess. mon.
II. p. 64.
Patrie : Cephalonie.

100. **P. Græca** Brull. Exp. Mor. Ins. p. 192. pl. 40. f. 2. — Kr. l. c.
    p. 350. — Sén. Ess. mon. II. p. 65. (nec. Stev. nec. Sol.)
    Syn. *exanthematica* Sol. l. c. p. 183. — *monilifera* Sol. l. c. p. 184.
    Var. *asperula* Sol. l. c. p. 182.
    Patrie : Grèce, Asie mineure.

101. **P. Maura** Sol. l. c. p. 137. — (Dj. Cat. 3e éd. p. 197.) — Kr.
    Rv. d. Ten. p. 320. 329. — Sén. l. c. II. p. 67.
    Syn. *alutacea* (St. Cat. 1826. p. 183) — *tuberculata* (Parr. in litt.)
    (nec Fald.)
    Patrie : Espagne. Maroc. Portugal ?

102. **P. Perezi** Sén. Ess. mon. II. p. 69. — (Per. Arc. in coll.)
    Patrie : Espagne.

103. **P. variolosa** Sol. l. c. p. 130. — Kr. Rv. d. Ten. p. 317. 328. —
    Sén. l. c. II. p. 71.
    Patrie : Espagne, Maroc.

104. **P. ruida** Sol. l. c. p. 153. (Ramb. in litt.) — Kr. Rv. d. Ten.
    p. 320. 329. — Sén. l. c. II. p. 72.
    Patrie : Espagne : Malaga.

105. **P. cribra** Sol. l. c. p. 151. — Kr. Rv. d. Ten. p. 319. 329. —
    Sén. l. c. II. p. 73.
    Var. A. (*elevata*) Sén. l. c. p. 73.
    Patrie : Iles Baléares : Mahon, Majorque, Minorque.
    Var. A. : Ile d'Iviça, I. Columbretes.

106. **P. interjecta** Sol. l. c. p. 152. — Sén. l. c. II. p. 75.
    Syn. *cribra*. Var. *interjecta* Kr. Rv. d. Ten. p. 319.
    Patrie : Espagne ?

107. **P. integra** Rosenh. Th. Andal. p. 190. — (Sol. in litt.) — Kr. l. c.
    p. 320. 329. — Sén. l. c. II. p. 77.
    Patrie : Espagne.

108. **P. Villanovæ** Sén. Ess. mon. II. p. 78. (Per. Arc. in coll.)
    Patrie : Espagne.

109. **P. Castellana** Per. Ins. Nuev. p. 13. — Sén. l. c. II. p. 80.
    Patrie : Espagne.

110. **P. rugulosa** Germ. Ins. Sp. nov. p. 134. — Sol. l. c. p. 155. —
    Kr. l. c. p. 335, 340. — Sén. l. c. II. p. 81.
    Var. *bifurcata* Sol. l. c. p. 157. — Kr. l. c. p. 335-341.
    Patrie : Italie. Sardaigne. Sicile. Malte.

111. **P. Payraudi** Lat. Reg. an. 2e éd. T. v. p. 7. — Sol. l. c. p. 158.
    Kr. l. c. p. 335-342. — Sén. l. c. II. p. 83.
    Var. A. Sol. (nec Kr.)
    Var. B. (*P, rugatula* Sol. l. c. p. 159. — Kr. l. c. p. 336-343.

Var. C. (*P. angusticollis* Sol. l. c. p. 163.
Var. D. (var. B. Kr.) l. c.
Patrie : Corse. Sardaigne.

112. **P. sardea** Sol. l. c. p. 164. — Mouxi Deloche. (Cat. Dj.) — Kr.
   l. c. p. 337-347. — Sén. l. c. II. p. 86.
   Var. A. (Sol.)
   Var. B. (*corsica*) Sol.
   Var. C. *P. Goryi* Sol. l. c. p. 162. — Kr. l. c. p. 338.
   Var. D. *P. subscabra* Sol. l.c. p. 160. — Kr. l. c. p. 336.
   Var. E. *P. sublævigata* Sol. l. c. p. 154. — Kr. l. c. p. 334.
   Patrie : Sardaigne. Sicile. Malte. Corse (??)

113. **P. undulata** Sol. l. c. p. 161. — Kr. l. c. p. 337, 341. — Sén.
   l. c. II. p. 89.
   Patrie : Sardaigne.

114. **P. tunisea** Fairm. Rv. zool. 1879. p. 14. — Sén. l. c. II. p. 90.
   Patrie : Tunisie.

115. **P. Claudia** Buq. Rv. zool. 1840. p. 242. — Sén, l. c. II. p. 92.
   Syn. *P. spectabilis* Haag. D. ent. Zeit. 1875. 7°. coll. Heft. —
      P. speculum Desbr. (in Cat.) — *P. Georgi* Ol. Delam. (in. litt.)
   Patrie : Algérie.

116. **P. brevicollis** Sol. l. c. p. 172. (Dj. Cat.) — Kr. l. c. p. 324-330.
   Sén. l. c. II. p. 93.
   Patrie : Espagne.

117. **P. bipunctata** Fabr. Sp. Ins. I. p. 326. etc. — Sol. l.c. p. 174. pl. 4.
   f. 12-15. — Kr. l. c. p. 324-331. — Sén. l. c. II. p. 95. etc.
   Syn. *P. muricata* Ol. Ent. III. n° 59. p. 9. n° 10. pl. 1. f. 1. a. b.
   Var. *cajetana* (Baudi in litt.)
   Patrie : France mér. Corse. Italie.

118. **P. modesta** Herbst. Kæf. VIII. p. 96. pl. 123. f. 11. — Sén. l. c.
   II. p. 97.
   Syn. *distincta* Kr. l. c. 323-331. (nec Sol.)
   Patrie : Portugal.

119. **P. bætica** Sol. l. c. p. 170. — Kr. l. c. p. 322 et 331. — Sén. l. c.
   II. p. 99.
   Var. *distincta* Sol. l. c. p. 172.
   Patrie : Espagne mér.

120. **P. incerta** Sol. l. c. p. 166. — Kr. l. c. p. 321-331. — Sén. l. c
   II. p. 100.
   ? Syn. *muricata* Fabr. Syst. El. I. p. 129.
   Patrie : Espagne. Portugal.

121. **P. costata** Waltl. Voy. en Esp. II. p. 69. — Kr. l. c. p. 322-332.
 — Sén. l. c. II. p. 102.
 Var. A. *hesperica* Sol. l. c. p. 167.
 Var. B. *lineata* Sol. l. c. p. 169.
 Var. C. *Gadium* l. c. p. 169.
 Var. D. *graphica* Baud. D. ent. Zeit. 20. 1876.
 Patrie : Espagne. Algérie?? (ex Sol.) — Var. D. Iles Baléares.
 (Per. Arc.)

122. **P. rugosa** Ol. Ent. III. 59. p. 10. pl. 4. f. 8. — Sén. l. c. II. p. 104.
 Syn. *ryssos* Herbst. Kæf. VIII. p. 190. pl. 123. f. 4. — *salebrosa*
 Sol. Ib. p. 142.
 Var. *ryssos* Sol. l. c. p. 141. (nec Herbst.)
 Patrie : Algérie.

123. **P. Duponti** Sol. l. c. p. 146. — Sén. Ess. mon. II. p. 106.
 Syn. *P. rugosa* (Dupont in coll.)
 Var. A.
 Var. B. (*rugosa* Dup.)
 Patrie : Algérie.

124. **P. mauritanica** Sol. l. c. p. 139. (Dj. cat. 3e éd.) — Sén. Ess.
 mon. II. p. 107.
 Patrie : Algérie.

125. **P. Boyeri** Sol. l. c. p. 143. — Sén. Ess. mon. II. p. 109.
 Syn. *atlantis* Sol. l. c. p. 139.
 Var. A. *granifera* Sol. l. c. p. 147.
 Var B. *rugifera* Sol. ib. p. 144. (*nervosa* Dup. in litt.)
 Patrie : Algérie.

126. **P. punctata** Sol. l. c. p. 148. — Kr. l. c. p. 318. 330. — Sén.
 l. c. II. p. 112. (Dj. Cat. coll. Dup.)
 Syn. *P. crassipes* Sol. l. c. p. 190.
 Patrie : Espagne.

127. **P. monticola** Rosenh. Th. Andal. p. 192. (Rambur. in litt.) —
 Kr. l. c. 323. 330. — Sén. l. c. II. p. 113.
 Patrie : Espagne.

128. **P. rotundata** Sol. l. c. p. 149. — Kr. l. c. p. 309. — Sén. Ess.
 mon. II. p. 115.
 Syn. *hispanica* Sol. l. c. p. 150.
 Var. A.
 Patrie : Espagne.

129. **P. Brisouti** Sén. Ann. Fr. 1885. Bull. p. 92. — Ib. Ess. mon. II.
 p. 116.
 Syn. *nitida* (Sol. in coll.)
 Patrie : Algérie.

130. **P. Buqueti** Luc. Ann. Fr. 1858. Bull. p. 221. — Sén. l. c. ii. p. 118.
Patrie : Algérie.

131. **P. valida** Er. Wagn. Reis. nach Alg. iii. p. 176. pl. 7. — Sén.
l. c. ii. p. 120.
Syn. *Duponcheli* (De Brême in coll.)
Patrie : Algérie. Maroc.

VII. — s.-g. **AMBLYPTERA** Sol.

132. **P. scabrosa** Sol. l. c. p. 188. (Dj. Cat. 3e éd.) — Kr. l. c. p. 324-
332. — Sén. Ess. mon. ii. p. 121.
Patrie : Espagne. Maroc.

133. **P. fornicata** Herbst. Kæf. viii. p. 89. pl. 122. f. 8. — Kr. l. c.
p. 325-332. — Sén. l. c. ii. p. 123, etc., etc.
Syn. *obesa* Sol. l. c. p. 191.
Var. A. (*rotundipennis*) Kr. l. c. p. 370. — *mogadora* Fairm. Ann.
Fr. 1870. p. 387.
Var. B. (*Simonis* Buq. in litt.) — Sén. l. c. p. 123.
Patrie : Espagne. Maroc.

134. **P. Fairmairei** Kr. l. c. p. 399. — (V. Harold in litt.) — Sén. l. c.
p. 125.
V. *curticollis* Haag. D. ent. Zeitsch. 7e Beiheft. (1875.) — Sén.
l. c. p. 125.
?V. *tumidipennis* Haag. l. c.
?V. *tristis* Haag. l. c.
?V. *monilis* Haag. l. c.
V. *Haroldi*   }
V. *Olcesii*   }   (Harold. in coll.)

VIII. — s.-g. **ECPHOROMA** Sol.

135. **P. hemisphærica** Sol. l. c. p. 193. — Sén. l. c. ii. p. 127.
Syn. *capillata* Sol. l. c. p. 194. — *insignis* Fairm. Ann. Fr. 1867.
p. 407.
Patrie : Maroc.

Charleville — Imprimerie de Auguste POUILLARD